「私が変わります」が地球を守る

脇本忠明
愛媛大学農学部教授
Tadaaki Wakimoto

21世紀人間環境宣言

三宝出版

「私が変わります」が地球を守る

二十一世紀人間環境宣言

目次

プロローグ
地球を守り、一人ひとりの生命を守るための突破口を求めて　9

第一章　明日なき「地球環境」――解決への道はどこに？　17
もう引き返せない!?　加速する地球環境破壊　18
「まだ大丈夫……」――先延ばしのツケがまわってきた　24
■地球が定員オーバーに――世界の人口の将来予測　28
■拍車がかかる地球の温暖化――世界の気候の予測　30
■降り注ぐ紫外線シャワー――オゾン層破壊の予測　32
■土地が疲れ果てている！――土壌破壊の予測　34
環境保全対策はどこまで進んでいる？　37

第二章　二十世紀の「人間環境宣言」とその後の歩み　41
人間の力の乱用の果てに――二十世紀の「人間環境宣言」に見る環境問題の原因　42
むしろ悪化の一途を辿っていた！――「人間環境宣言」から二十年　47
地球を守る二十七の基本原則――「リオ宣言」から十年　54

第三章　求められるパラダイム転換　57

なぜ二十世紀の「人間環境宣言」は成就しなかったか？　58

ツーヅー病院（ベトナム）での衝撃が発端に　61

私にとってのパラダイム転換への促し――川之江ダイオキシン・パニック　70

■ドキュメント――「川之江事件」再考　70

■降ってわいた騒動　72

■地球を守りたい、一人ひとりを守りたい――原点回帰への促し　78

■卵のたとえ――科学者である前に、一人の人間として　81

「因縁果報」の智慧から眺めた環境問題　87

二十一世紀の地平より――わが国のダイオキシン汚染の特徴　92

■大型ゴミ焼却場の現状　96

■松山平野の大気中ダイオキシン濃度　97

■土壌中のダイオキシン類　100

■河川水中のダイオキシン類について　102

■松山平野内における小型焼却炉残灰中のダイオキシン類　104

■ダイオキシン類の環境動態　106

第四章　提言——二十一世紀人間環境宣言　111

有害化学物質による環境汚染の研究が教えてくれたもの　112

「私が変わります」が地球を守る　120

提言——二十一世紀人間環境宣言　126

■一人ひとりの「二十一世紀人間環境宣言」として　126

■二十一世紀人間環境宣言　128

第五章　アクションプログラム
——地球を守るために、家族を守るために、私たちに何ができるか　137

一人ひとりがまず「私が変わります」宣言をしよう　138

地球と家族を守るライフスタイルとは？　143

■地球環境問題の原因の検証　144

■家族を守るライフスタイルとは？　148

■子孫を守るライフスタイルとは？　151

エピローグ
二十一世紀を担う若者たちへ　155

関連資料

1．人間環境宣言　163
2．環境と開発に関するリオ宣言　173
編集部註　180
主な参考図書　182
著者プロフィール　183

●本文中の＊印については、巻末の「編集部註」をご参照下さい。

プロローグ
地球を守り、一人ひとりの生命を守るための
突破口を求めて

Prologue
プロローグ

瀬戸内海のちょうど真ん中に湖のように波静かな海域があります。その名を「燧灘《ひうちなだ》」という海水交換が極《きわ》めて遅い半閉鎖系の海域です。瀬戸内海にはいくつもの「灘」と呼ばれる海域がありますが、燧灘はとりわけ魚種の豊富なことで知られていました。たくさんの島影が夕日に黒く浮かぶその光景は、切り絵のような幻想的な世界を醸《かも》し出しています。この海を守りたい、ここに住む人々を守りたい――この内海の夕日が好きだった私は、その一心で、この三十年間、地球環境の問題と向かい合ってきました。

私たち愛媛大学農学部環境計測学研究室のメンバーが、二十世紀の終わり（一九九〇年）に取り組んだダイオキシン撲滅《ぼくめつ》運動――。何としても二十一世紀までに解決しなけ

プロローグ

燧灘の夕景（オリオンプレス）

ればと思いながらも、ついに叶《かな》わなかったことが悔《く》やまれてなりません。

ましてや、さらに大規模な地球環境の破壊は、日に日に進んでいるといわれています。例えば、地球温暖化の問題一つを取り上げても、専門家は「もう引き返すことのできない時点にまで達した」とさじを投げてしまう始末です。

私は、環境科学者の一人として、いや一人の人間として、ダイオキシン問題も含めて、この地球環境の破壊をもうこれ以上黙《だま》って見てはいられません。

この地球環境の破壊を食い止めることは、どうしてもできないのでしょうか？　すべての生物が死滅《しめつ》してゆくのを、ただ手をこまねいて見ていなければならないのでしょうか？

私はそうは思いたくないのです。必ず何らかの改善の道はあるはずです。私はいつもそう思ってきましたし、その思いで現在もダイオキシン撲滅運動に取り組んでいます。

わが国における二十年来の環境行政の取り組みを見て思うことは、国の力で成功したのは企業対策であり、国民全体が一致団結して環境問題に取り組むためにはあまり効果がないということでした。

このことは、「国連人間環境会議」が「人間環境宣言」（一九七二年）を世界に発信したにもかかわらず、世界各国の国民レベルまで巻き込むことができなかった――提示した新しい環境観、人間観が国民一人ひとりにまでは浸透《しんとう》しなかった――ことからも分かります。当然ながら環境問題も改善されることがありませんでした。

その後の、「地球サミット」（一九九二年）で発信された「リオ宣言」でも、「アジェンダ21」が行動指針として七十二カ国で採択《さいたく》されながら、国民レベルまで広がった国はほとんどありませんでした。

では、どうすれば国民全体が理解し、実践《じっせん》することができるのでしょうか。いや、国民全体が理解し、実践しなければ、この地球環境の破壊の流れを根本から解決することはできないように思うのです。

私は、二十世紀に私たちが体験した「今さえよければいい」というエゴイスティックな行動原理を根底から変革し、新しい人間観、世界観、そして環境観を基に、地球環境の破壊を修復・浄化し、新しい世界を創造したいと願って本書を執筆しました。

それは同時に、二十世紀が積み残した多くの問題群を解決し、二十一世紀の新しい文化・文明を創造してゆく上で、最も信頼に足ると確信し、私が長年師事《しじ》してきた高橋佳子先生が提唱《ていしょう》するTL（トータルライフ）人間学[*1]を基に私が取り組んできたこれまでの実践報告でもあります。

全体の構成は、まず、地球環境の問題を総覧《そうらん》しつつ、悪化の一途《いっと》を辿《たど》っている現状（第一章、第二章）の紹介から始まります。

その上で、第三章では、かつて私自身が直接体験したベトナムでの調査、川之江《かわのえ》（愛媛県）でのダイオキシン・パニックを通して、私たち一人ひとりに呼びかけられているのは、二十世紀のパラダイム（枠組《わくぐ》み）の転換そのものであることを述べています。

また、そのまなざしから映る現代日本におけるダイオキシン汚染の特徴を記しました。

そして、今こそ私たちに問われる「私が変わります」という生き方を、「一人の人間として」の原点から「二十一世紀人間環境宣言」として提言しています（第四章）。

さらには、そのために求められる新しいライフスタイルを提案する（第五章）とともに、次代を担うお一人お一人へエールを贈りました（エピローグ）。

地球環境の問題を「何とかしたい」と切実に願うすべての皆さんに、私は呼びかけたいと思うのです。とりわけ、二十一世紀を担う青年諸氏には、すべての生命が生かされる新しい世紀を創《つく》っていただきたいと願います。まだまだ人間は見捨てたものではない、必ず解決への道はあると確信します。ぜひとも共に、地球を、そして一人ひとりの生命を守る一歩を踏み出そうではありませんか。そう願いつつ、本書を贈ります。

脇本忠明

二〇〇二年六月

第一章　明日なき「地球環境」
——解決への道はどこに？

もう引き返せない⁉ 加速する地球環境破壊

平成十三年度のわが国の環境白書は、地球と共生する社会経済活動のあり方に対する問題点を、「地球温暖化による気候変動、資源利用の非効率性と廃棄物《はいきぶつ》の増大、有害化学物質の増大、生物多様性の喪失《そうしつ》などの環境問題は、地球の環境容量（地球が持続可能であるための環境負荷《ふか》の最大値）や物質循環《じゅんかん》の視点から見て人類の存続《そんぞく》を脅《おびや》かしつつある」と見ています。しかし、この言葉にはまだいくらかの猶予《ゆうよ》感覚が含まれているように感じるのです。

例えば、地球温暖化の状態は、図表1—1（左頁）に表れている「大気中二酸化炭素濃度の推移《すいい》」によって知ることができます。このグラフは、「西暦一七〇〇年頃までは

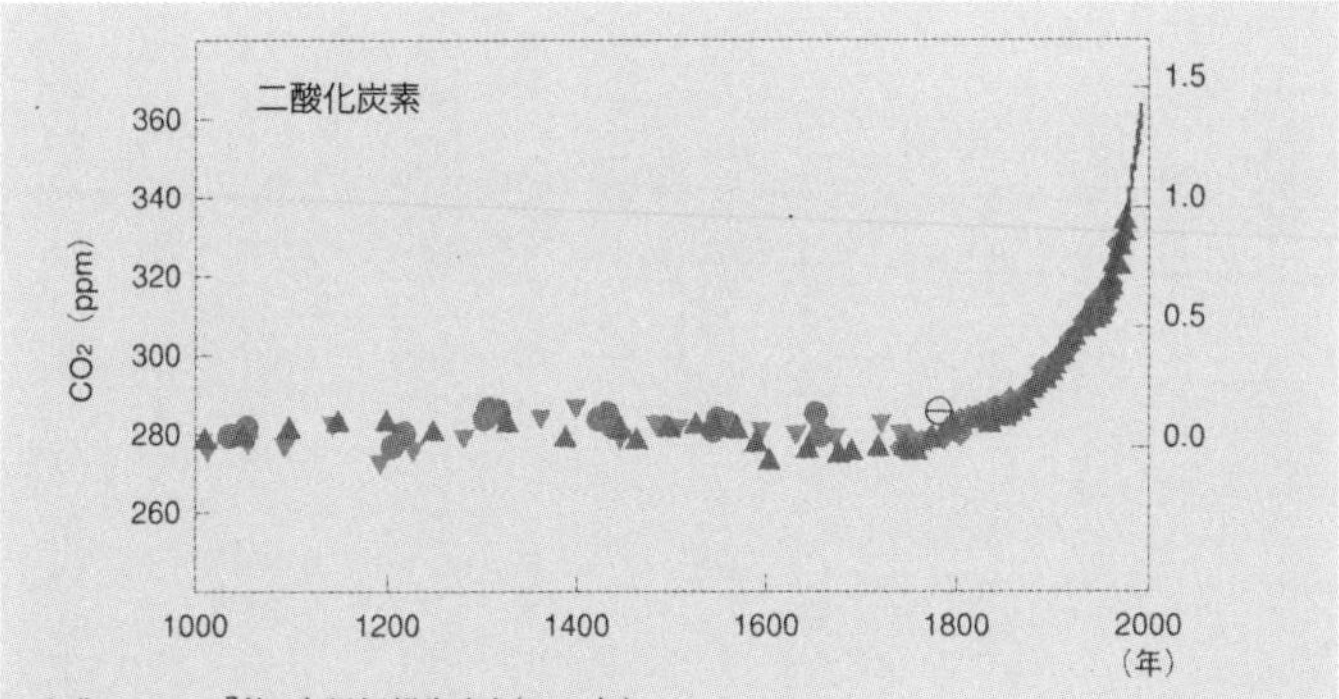

出典：IPCC『第3次評価報告書』(2001年)

図表1-1　大気中二酸化炭素濃度の推移

二八〇ｐｐｍの炭酸ガス濃度だったのが、一八〇〇年頃から次第《しだい》に上昇し始め、一九〇〇年代後半からは上昇の速度が急激に早まっている」ことを意味しています。この現象は、単に増加のグラフではなく、「自然現象の崩壊《ほうかい》曲線」を示していると見なければならないのではないでしょうか。

ここで言う「自然現象の崩壊曲線」とは、地球の持つ「恒常性《こうじょうせい》」（一定の状態を保とうとする力）が何らかの原因で保てなくなり、ある限界を超えると一気に崩壊の方向に進行してしまう、という現象です。

自然現象では、崩壊と再生は「新陳代謝《しんちんたいしゃ》」と呼ばれます。人間の体内でも、野生生物の体内でも、また地球生態系《せいたいけい》の中においてもこの新陳代謝によって状態が維持《いじ》され、生命が維持されています。

一方、変化しないものもあります。厳密《げんみつ》に言えば、変化しないのではなく、一定に維持されているのです。その作用が恒常性です。私たちの体内の多種多様な成分も、ある濃度範囲で一定に維持されています。

私は、現在慢性腎不全《まんせいじんふぜん》で毎日四回腹膜透析《ふくまくとうせき》をしていますが、この透析を始めるかどうかは血液中のクレアチニンという成分を指標《しひょう》にして決められました。血中《けっちゅう》クレアチニンが一・五ミリグラム／デシリットル以下を維持していれば「正常値」、一・五から上がり始めると、腎機能が低下し始めていると判断され、治療が始められます。治療の効果が出ず、あるいは、十分な養生《ようじょう》をしなければ、この数値はゆっくり上昇し、五～八付近まで上がると、それからは急激に上昇し十～十五といった高い値になってしまいます。この時点で私の腎臓機能は、三〇％を切り、医師からはもう回復の余地がないと判断され、人工透析を導入することになってしまいました。

今思えば、クレアチニン値が一・五を超え始めた時期に十分に養生し、治療すべきであった、と後悔しています。おそらくその時点であれば、まだ回復の余地があったのかもしれません。

このように、恒常性が維持されなければ持続的に生きていくことはできません。地球も、生命を存続させるために恒常性を維持しているのです。

一例として、「炭酸ガス」の問題を考えてみましょう。炭酸ガスは、地球の大気圏《けん》、とくに地表付近での濃度を二八〇ｐｐｍ程度に保ち続けていました。これは、植物が太陽エネルギーを固定するときの材料であり、固定エネルギーの利用が終われば元の炭酸ガスに還ります。過剰《かじょう》の炭酸ガスは海水の中のカルシウムやマグネシウムといった成分によって吸収され、また、地上の多くの植物が光合成を盛んに行って大気中の炭酸ガス濃度を消費し、その結果、ほぼ二八〇ppmに保たれるようになっていました。そこに、人類の活動によって過剰の炭酸ガスの投入が起こり、地球が持っている大気中炭酸ガスの濃度を一定に保つ機能では間に合わなくなってしまったのです。

この現象は、単に過剰負荷《ふか》だけが原因ではありません。炭酸ガスを吸収する役割を担《にな》うはずの植物を私たちが切り倒し、地球のもつ機能を壊《こわ》していることも大きな原因なのです。これは一種の「地球の病」です。それだけに、この時点ですぐに治療《ちりょう》を始めなければならないはずです。ところが図表1―1（十九頁）では、すでに次のステップに移行しているように見えます。

つまり、私たちはもう引き返せない領域《りょういき》に入っているのではないかということなのです。最近の新聞では、「IPCC（気候変動に関する政府間パネル）」の提言として「地球温暖化はもう引き返せない時点に達した」と報道しています。

他にも、「自然現象の崩壊曲線」を示す事例が幾《いく》つも現れています。後述の「人口の増加」にもこの曲線が表れています。また、神戸沖で採取《さいしゅ》した底泥中の重金属類の推移も同じ曲線を示しています。

これらの現象は、現在の地球環境の崩壊状況がすでに引き返せない領域にまで達していることを端的《たんてき》に警告しているのです。「それほど猶予《ゆうよ》はない」と言っても過言ではないのです。

「まだ大丈夫……」——先延《さきの》ばしのツケがまわってきた

もう一度「自然現象の崩壊《ほうかい》曲線」について考えてみましょう。

図表1―2（左頁）に崩壊曲線の例を示しています。図表内の第一ゾーンは「正常」時と考えます。第二ゾーンは「引き返し可能」時、第三ゾーンは「崩壊」の時点と考えます。ですから、少なくとも第二ゾーンの内には適切な対策を実施しなければなりません。

米国のある週刊誌に掲載された「茹《ゆ》でカエル」の話は象徴的です。生きたカエルをそのまま茹でることができる、というものです。たとえば、生きたカエルを熱湯の中へ入れると、熱さのために瞬時に飛び出すそうです。しかし、冷たい水の入った鍋《なべ》にカエル

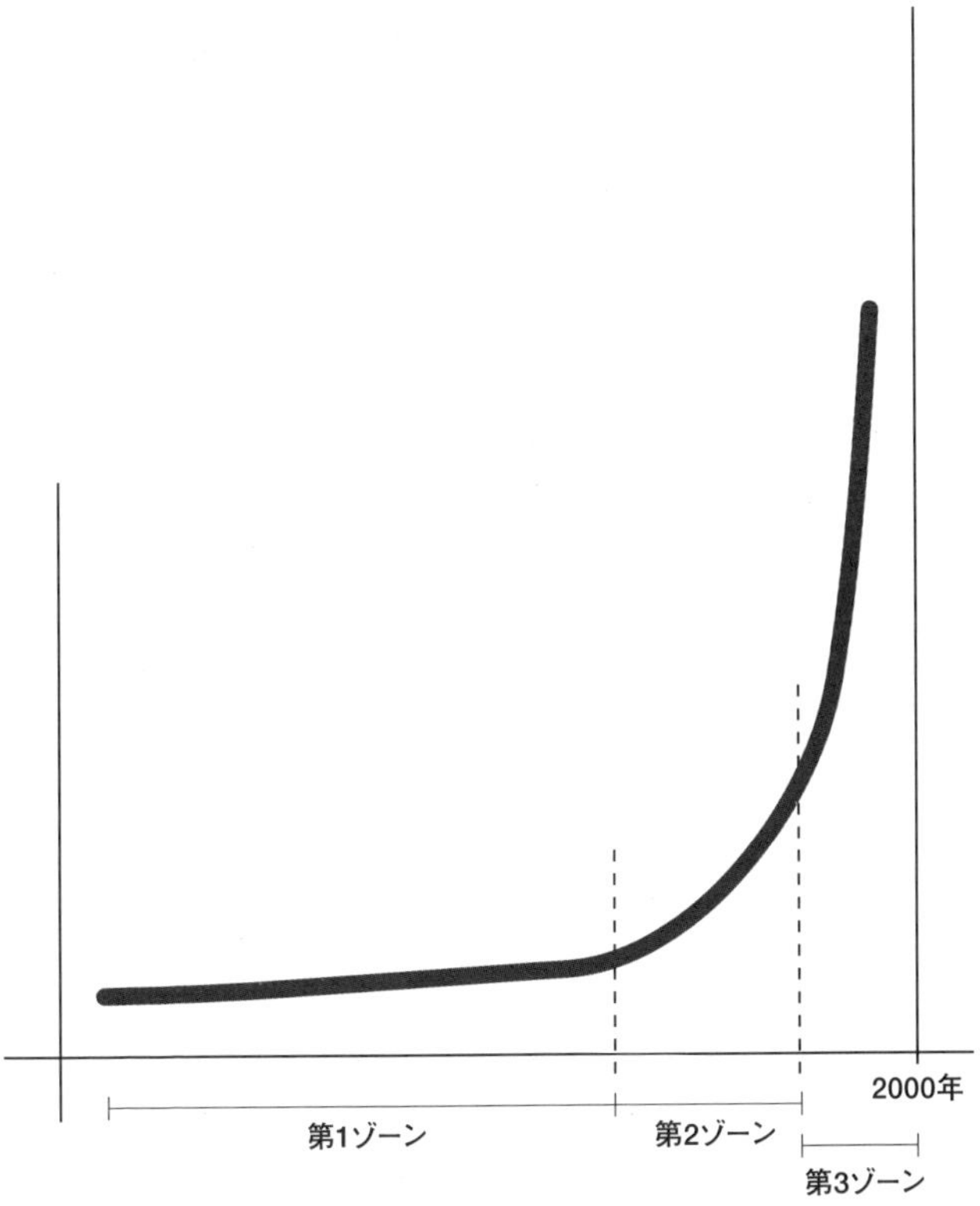

図表1-2　自然現象の崩壊曲線の一般的経緯

を入れて、小さな火でゆっくり温めてゆくと、そのまま茹であがってしまうのです。

つまり、暖かくなり始めた時点で飛び出せば助かるのに、「まだ大丈夫、まだ大丈夫」と先延ばしにしているうち、気がついたら低温火傷《やけど》で動けなくなり、逃げ出せなくなって、ついに茹であがるというわけです。

これは私たち人間の状態を象徴的に示しているのではないでしょうか。もし、「ここからは危険」であることを、ある時点で体感的に判断できないならば、それを読み取るのが科学の目のはずです。しかし、科学的な情報を得ながらも、それらを生かし切れなかったのが二十世紀の環境対策であったように思います。

そうした中にあって、このまま行けば地球環境がどうなるのかを最初に世界に示したのは米国でした。一九七五年に米国のカーター大統領は、就任《しゅうにん》直後、地球の将来について検討するプロジェクトを発足させました。その検討結果は、五年後、『西暦二〇〇〇年の地球』という題名で出版されました。この中では、このまま人類が何もしないで突き進んでゆくと、いったいどうなるのかが具体的に書かれています。すでに二十一世紀に入ってはいますが、その検討結果の幾《いく》つかを挙げてみましょう。

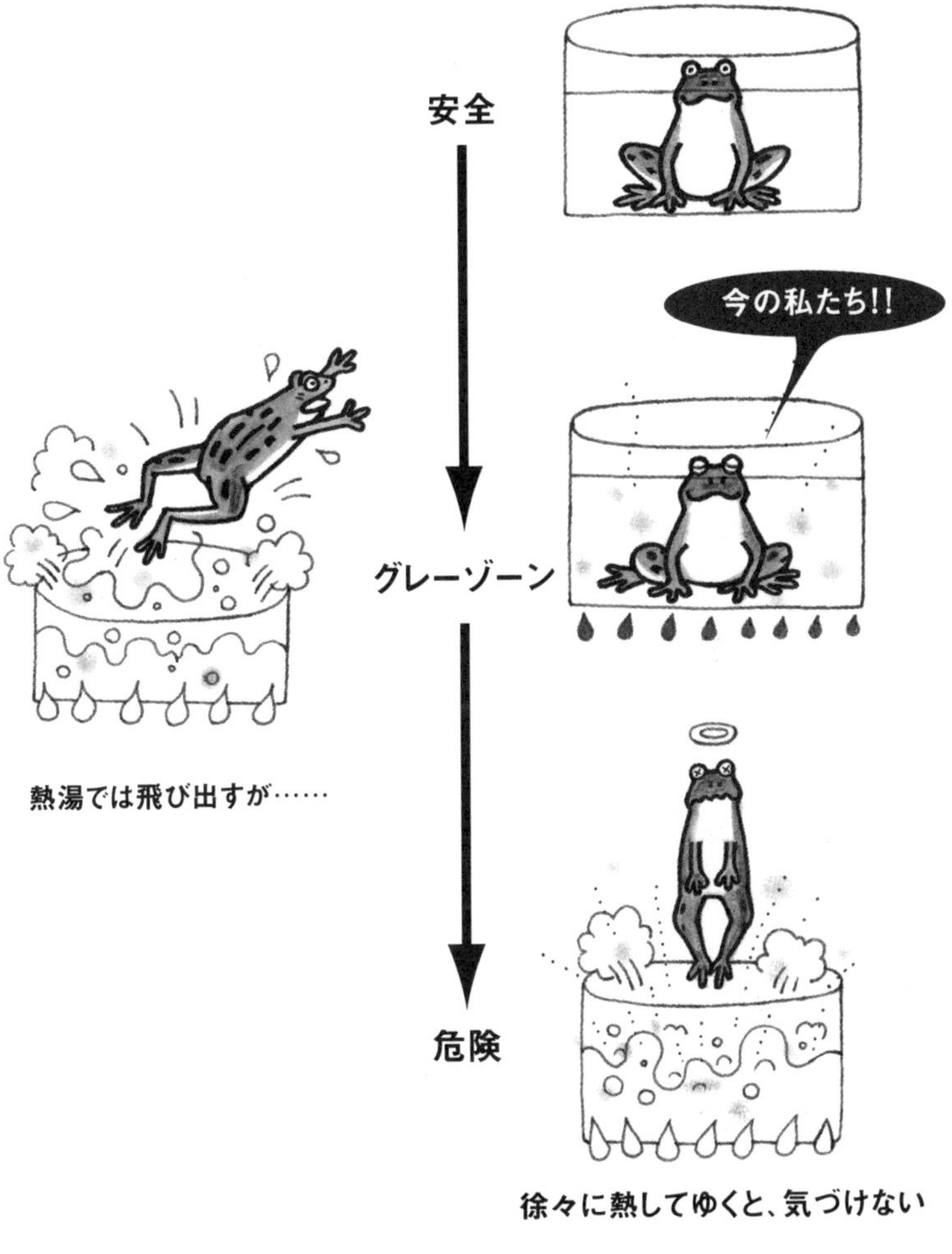
安全
今の私たち!!
グレーゾーン
危険
熱湯では飛び出すが……
徐々に熱してゆくと、気づけない

図表1-3　ゆっくりした変化には鈍感《どんかん》な私たち

【地球が定員オーバーに――世界の人口の将来予測】

地球環境問題の原点は、地球に人口が多くなり過ぎることが原因であると考えられています。東南アジアの大都市では、人口が集中して数百万人というところがほとんどです。ベトナムのハノイ、ホーチミンはいずれも三〇〇万人以上で、インドネシアのジャカルタでも約一千万人といいます。

このように人口が集中すると、まず衣食住が不足します。また、都市から排出されるゴミの量が増加し、その処理に苦慮《くりょ》し、疫病が蔓延《まんえん》して衛生上、極《きわ》めて劣悪《れつあく》な環境になってしまうのです。このような問題を孕《はら》む人口の増加は、将来どうなってゆくのでしょうか。

先の『西暦二〇〇〇年の地球』では、一九七五年から二〇〇〇年の間は年平均一・八%の増加率で、二〇〇〇年までには一九七五年時点の人口の五五%、つまり、二十二億六千万人の増加が予想されると伝えていました。現在、人口は約六十一億人に達するといわれています。一九七五年では四十億九千万人だったので、二〇〇〇年の時点ではほ

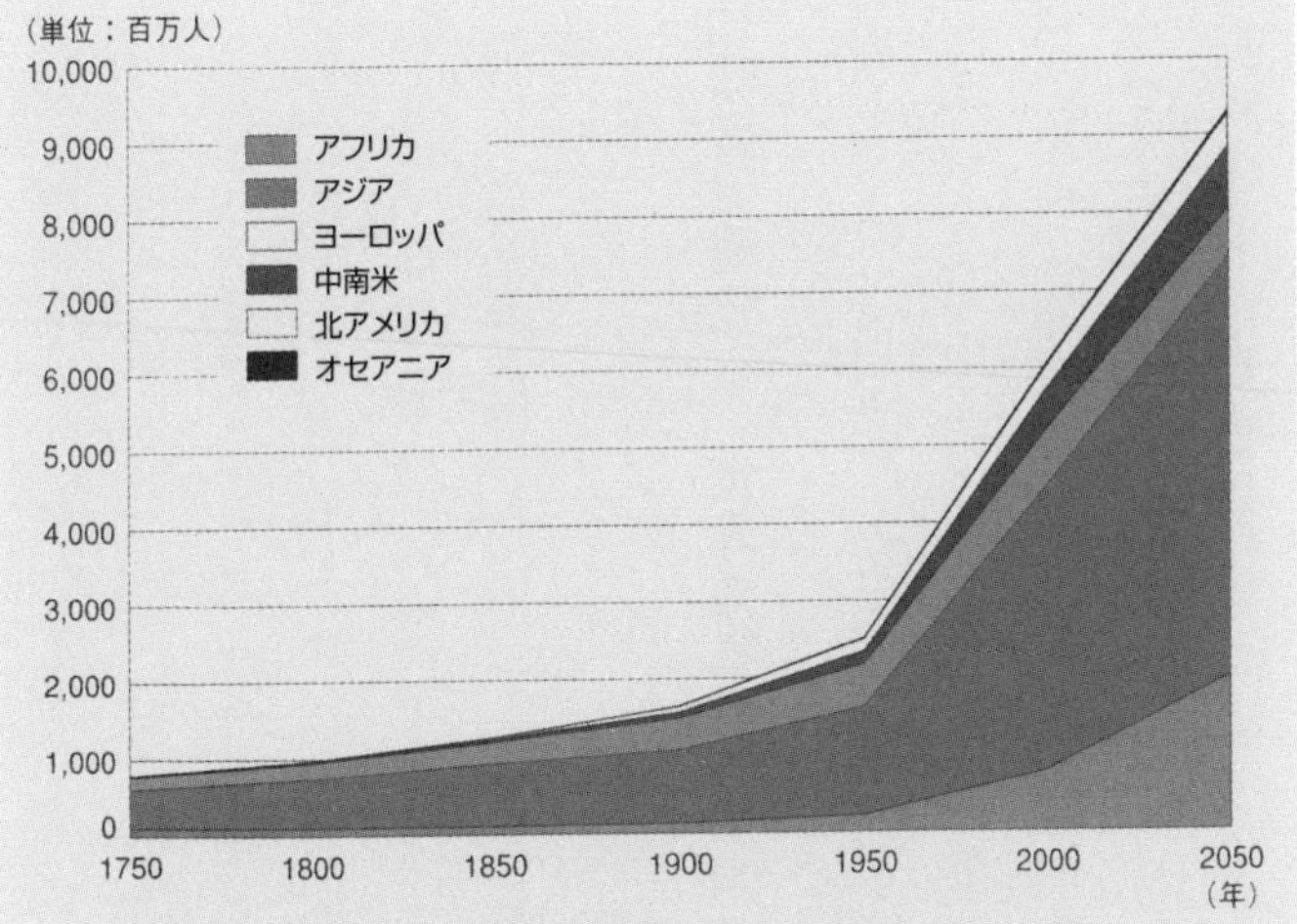

出典：国連『Revision of World Population Estimates and Projections』（1998年）

図表1-4　世界人口の推移

ぼ予測通りの増加を示していることになります。

このように、人口の増加は、環境問題でも、食糧問題でも、いや衣食住すべてに関わる問題を起こすことが知られていながらも、解決の目処《めど》が立っていません。

人口の増加曲線も、図表1—4（二十九頁）のようにまさに「崩壊曲線」となっています。しかもこれからは、これまで以上の増加率が見込まれ、ますます衣食住が間に合わなくなります。特に、発展途上国は人口増が大きく、食糧難は深刻になると予測されます。

【拍車《はくしゃ》がかかる地球の温暖化——世界の気候の予測】

気候に及ぼす要因として、「温暖化」が挙げられるでしょう。温暖化の原因は二酸化炭素といわれています。大気中の二酸化炭素の濃度の推移は、一九五八年から観測されているハワイ上空の二酸化炭素濃度のデータを基に予測することが可能です。一八六〇～一九〇〇年ごろまでは約二九〇ｐｐｍと推定されていたのですが、それが、一九七六年には三三二ｐｐｍに上昇し、観測期間の一九五八年から一九七八年の二十年間で約五％増加したと推定されています。

平成十三年版の日本の『環境白書』では、ＩＰＣＣの発表した第三次評価報告書の二酸化炭素濃度の推移について報告しています。そのグラフはまさに「崩壊曲線」（図表１―１、十九頁参照）です。もうすでに「引き返し可能」時点を越えており、温暖化が取り返しのつかない「崩壊」時点に達していることを示しています。

温暖化に関わる他の化学物質は二酸化窒素、フロン、メタンガス等が知られており、それらがさらに温暖化を促進することになります。

その結果、西暦二一五〇年から二二〇〇年までに予想される二酸化炭素の濃度の増加は、地球全体の平均気温を六度以上引き上げるかもしれない、と予測しています。

地球の平均気温が二～三度上昇すると、地球全体の平均降水量は七％増加すると見積もられています。これから見ても、六度の平均気温上昇は重大な変化と見ることができます。

「気候変動に関する政府間パネル（ＩＰＣＣ）」によれば、海面の水位は、一九九〇年から二一〇〇年までの間に九～八八センチメートル上昇することが予測されています。

また、二〇八〇年までに海面水位が四〇センチメートル上昇すると、沿岸の高潮《たかしお》により水害を被《こうむ》る世界の人口は年平均七五〇〇万人から二億人の範囲まで増加すると予測されています。

【降り注ぐ紫外線《しがいせん》シャワー——オゾン層破壊の予測】

地球を取り巻く大気には、対流圏《たいりゅうけん》と成層圏《せいそうけん》が存在します。対流圏では高度が増すにつれて気温は低下しますが、成層圏にはつねに気温の逆転層が存在するので、高度に伴って気温は上昇し、三五キロメートル上昇すると六五度になります。これは、成層圏にオゾン層が存在するために起こる現象であるといわれています。そして、このオゾン層には二つの重要な働きがあります。

一つは、太陽光の中の紫外線領域《りょういき》で、二九〇～三二〇ナノメートル（ナノ＝十億分の一）の波長《はちょう》を吸収し、地上の生物を保護する働きです。もう一つは、紫外線を吸収することによって成層圏を暖め、逆転層を生み出す働きです。

しかし、人工化学物質であるクロロフルオロカーボンによって、この大切なオゾン層が破壊される現象が起こりました。

クロロフルオロカーボンとは、私たちの家庭にあるスプレーのガスで、冷蔵庫の冷媒《れいばい》として大量に使用されてきました。しかし、それらが廃棄《はいき》され、大気に放出されるとゆっくり上昇して成層圏に達し、化学反応を起こしてオゾン層を破壊するのです。その他にも、それぞれ程度の差こそあれ、成層圏のオゾン層を破壊する化学物質には、成層圏を飛ぶジェット機、農業で使用される窒素肥料《ちっそひりょう》などがあります。これらを規制する政策が進展しない限り、オゾン層は破壊され続け、生物の生存を危機的な状態に陥らせることになります。

もし、一九七四年規模でクロロフルオロカーボンを使用し続けるならば、全地球規模でのオゾンの減少は、今後五十年間で一四％、範囲でいえば、四～四〇％減少すると『西暦二〇〇〇年の地球』は予測しています。

オゾン層の減少によって、紫外線の地球侵入《しんにゅう》量は増加し、そのため皮膚《ひふ》がんの発生率が上がりますが、それだけでなく、大気の化学物質は活性化し、様々な有害化学物質がつくり出されることになります。例えば、車や化学工場の多いところで問題になっている光化学オキシダントがそれです。実はわが国でも、この光化学オキシダントの環境基準を守れない県は多いのです。

【土地が疲れ果てている！――土壌破壊《どじょうはかい》の予測】

特に深刻なこととして、砂漠化、湿地化、森林の伐採、土壌浸食《どじょうしんしょく》、農地の転用の五つが挙げられます。

砂漠化をもたらす主な原因は、過度な放牧《ほうぼく》です。中でも羊《ひつじ》は草木の根まで食べてしまうため、そのままでは生態系が成り立たなくなります。また、家畜の数が急速に増加するのをコントロールできなければ、砂漠化は止まらないとまで予測されています。

湿地化とは、農業生産力のある灌漑地《かんがいち》がいくつかの原因（主に過剰《かじょう》に供給される水が原因で、湿地化、塩類集積、アルカリ化が起こる）で生産力のない湿地になることをいいます。世界全体で一二万五〇〇〇ヘクタールある灌漑地が年々その生産力を消失しているといわれています。これまでの消失率は、世界の灌漑地の約〇・〇六％です。この早さで灌漑地が消失するとすれば、西暦二〇〇〇年には約二七五万ヘクタールの土地が

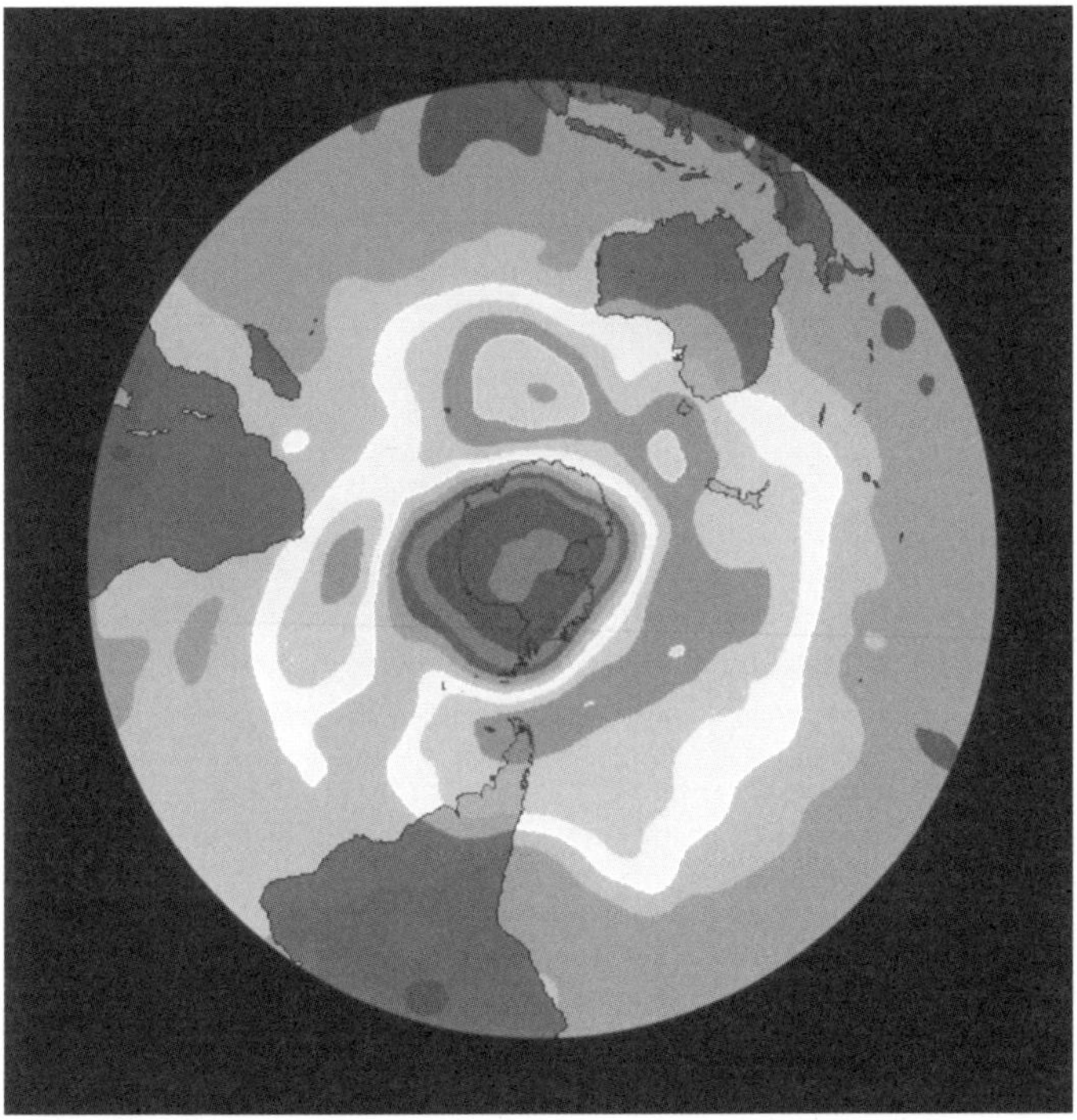

南極上のオゾンホール――1996年10月、気象衛星ノア観測。中央の部分はオゾンの減少が著しい。（PPS通信社）

図表1-5　深刻化するオゾン層破壊

農業生産力を消失すると予測しています。

この他にも、有害化学物質問題、外洋の汚染問題、酸性雨問題、放射能問題など、難問が山積しています。そして種の消滅についての予測は深刻で、三百～一千万種のうちの少なくとも五十～六十万種がこの二十年間に消滅すると予測されています。

*

ここに示した予測は、現在もほとんど改善されずに進行していることは先にも述べました。この現象を示しているのが「崩壊曲線」です。しかし、この崩壊曲線は、「もうだめ」という決定的な結論を提示しているのではなく、「もう限界だよ」という地球環境からの悲鳴であり、警告と受けとめるべきだと思うのです。

環境保全対策はどこまで進んでいる？

一九九二年のリオデジャネイロでの「地球サミット」から十年目を機に、二〇〇二年八月にヨハネスブルグで開かれる「環境サミット」に向け、過去十年間の世界の環境と開発に関する取り組みを包括的《ほうかつてき》に評価した国連事務総長の報告書が本年（二〇〇二年一月十二日）発表されました。

報告書の概要は、「リオでの目標に向けた歩みは期待されたよりも遅く、環境保全の取り組みは不十分である。いくつかの分野では十年前よりも悪化している」と危機感を表明しています。

日本など先進工業国から開発途上国への政府開発援助（ＯＤＡ）を国民総生産（ＧＮ

P）の〇・七％にするという目標を達成することを要求しています。浪費的な消費と生産の見直しなど、十項目の個別目標を達成する施策を盛り込んだ工程表をサミットで作成することを提案するなど、環境保全の強化を各国に求める国連の強い姿勢を示しています。この十年間で、年間一四六〇万ヘクタールの森林が減少し、八百種の動植物が絶滅し、一万一千種が絶滅の危機にあるというのです。石油などへのエネルギー依存度は依然《いぜん》として高く、二酸化炭素の排出量は一九九七年から二〇二〇年までに七五％も増加すると予測しています。

一九九二年、地球サミットが開催され、環境保全と経済発展は両立させるとして、「持続可能な開発」の考えに基づいた地球環境新秩序が打ち出されました。そして、そのための行動計画「アジェンダ21」を採択《さいたく》し、世界七十二カ国は地球環境問題に挑戦しましたが、この国連事務総長の報告書は、「むしろ悪化した」とサミットの失敗を表明しました。

私たちはこの事態をどのように受けとめなければならないのでしょうか。

一九七二年以来三十年間、私たちの取り組みのどこかが違っているのではないかということなのです。

そして同時に、新しい発想で根本から変革しなければならない時期――今こそ歴史の転換点に直面しているように思えてならないのです。まずは、新しい価値観を提示した一九七二年の「人間環境宣言」から読み直してみたいと思います。

第二章　二十世紀の「人間環境宣言」とその後の歩み

人間の力の乱用《らんよう》の果てに
――二十世紀の「人間環境宣言」に見る環境問題の原因

一九七二年、「国連人間環境会議」が示した「人間環境宣言」は、二十世紀に初めて環境問題に関する世界宣言として発信されたものです。一九七二年といえば、わが国では「公害」が頂点に達し、企業の排出《はいしゅつ》する排水、排気、廃棄《はいき》物等により、局所的ではありながらも、深刻な環境汚染《おせん》が次々に発覚《はっかく》していた時期でした。ようやく環境問題を専門的に対処する行政機関として環境庁が設立され、いわゆる公害国会によって公害十四法案が制定されたのもこの頃に当たります。

その結果生まれた「公害基本法」は、環境問題を行政の力で改善する初めての法律でした。しかし、この公害という現象に目を奪《うば》われたせいか、世界で初めて人間と環境の関係を本気で考える「人間環境宣言」については、日本ではほとんど注目されることはありませんでした。

これまでの環境問題に関する講演や授業を通しての私自身の実感からしても、この「人間環境宣言」は「そういう名称を聞いたことがある」と言われるだけで、内容についてはまったく知られていないのが現実でした。何しろ私自身も、一九九〇年代に入って知ったほどでしたから……。それだけに大いに責任を感じることですが、それほど国民レベルには働きかけていなかったということなのです。

それは、当時の私自身の意識を振り返っても、私たちの目が、地球規模《きぼ》ではなく、身近な生活環境の安全確保に向いていたからではないかと思います。とりわけ当時の私たちは、国内で起こっている身近な問題には関心を向けることができても、熱帯雨林の破壊や温暖化問題といった地球レベルの問題になると、なかなか実感に結べず、自分のこととして十分に受けとめることができませんでした。それだけに、「人間環境宣言」に真剣に取り組む気運は未だ乏《とぼ》しかったように思います。

しかし、国連人間環境会議の「人間環境宣言」を契機《けいき》として、欧米諸国では環境問題に大きな関心を持ち始め、次第に地球環境の破壊を防止する活動が始まりました。そのようなグローバルな視野《しや》で環境問題を捉《とら》えるきっかけになったのがこの「人間環境宣言」だったのです。

この「人間環境宣言」を作成したメンバーが、環境問題の原因をどこに見ていたのかを、宣言文の中に探してみました。その一例を示してみましょう。

「人は、たえず経験を生かし、発見、発明、創造および進歩を続けなければならない。今日、四囲の環境を変革する人間の力は、賢明に用いるならば、すべての人々に開発の恩恵《おんけい》と生活の質を向上させる機会をもたらすことができる。誤って、または不注意に用いるならば、同じ力は、人間と人間環境に対しはかり知れない害をもたらすことにもなる。われわれは地球上の多くの地域において、人工の害が増大しつつあることを知っている。その害とは、水、大気、大地、および生物の危険なレベルに達した汚染《おせん》、生物圏の生態学的均衡《きんこう》に対する大きな、かつ望ましくないかく乱、かけがえのない資源の破壊と枯渇《こかつ》および人工の環境、とくに生活環境、労働環境における人間の肉体的、精神的、社会的健康に害を与える甚《はなは》だしい欠陥《けっかん》である」

これは、第三条です。ここに示されている文章に目を向けてみたいと思います。

「人は、たえず経験を生かし、発見、発明、創造および進歩を続けなければならない」とあります。ここでは、この「人間の力」を本当に進歩する方向に使ってきたかと問いかけています。この力を賢明に用いるならばいいのですが、「誤って、または不注意に用いるならば」、その力は「人間と人間環境に対しはかり知れない害をもたらすことにもなる」と喝破《かっぱ》しています。

それにもかかわらず、当時の私たちは「地球は大きいのだから、少々のことなら大丈夫、何の問題もない」と、無意識にそう思い込んでいたのではないでしょうか。これは言葉を換えれば、自分たちの力が環境を変えてしまうほどの大きな力を抱いていることに気づいていなかったということになります。

本条文の後半は、当時の公害の実態を見事に見て取っており、言い当てていると思います。もしもこの指摘を当時の関係者が切実に読み取っていたなら、そして「私たちの行動指針そのものが誤っているのではないか」と思えたなら、一九七二年の時点で何らかの有効な対策に取り組めたに違いありません。

ここに大きなテーマが潜《ひそ》んでいると思うのです。私たちは、問題や困難に直面して、その事実を指摘されたとしても、「それは自分にも責任がある。何とかしなければ」と、その問題や困難を自分の内に引き受けて考えることがなかなかできない。むしろ、周囲のせいにしたり、楽観的に捉え、いつか解消するだろうと放置したりしてしまう場合が少なくありません。実は、この感じ方、考え方、それを受けての反応の仕方にこそテーマがあったと思うのです。どんなに切実な条文も他人事《ひとごと》として聞けば、その真意は伝わらず、何一つ変わらないからです。

むしろ悪化の一途《いっと》を辿《たど》っていた！
――「人間環境宣言」から二十年

「人間環境宣言」が採択《さいたく》された時期、世界はまさに公害の真《ま》っ只中《ただなか》にありました。この宣言を読むとき、人間が自らの力を知り、その行使《こうし》が誤っていたことに、この当時気づいていたならば、と思わずにはいられません。

しかし、私をはじめ当時の環境関係者は、問題の大きさに気づけなかったのです。ですから、この宣言文は、（私たちの後悔とともに）今も生きている理念だと思います。

読者の皆さんにもぜひご一読いただきたく、前文の一～七条をここに示します。なお全文は巻末に掲載しています。出典は、平成三年に発行された『地球環境問題宣言集』（外務省国際連合局経済課地球環境室編）です。

［人間環境宣言］

国連人間環境会議は一九七二年六月五日から十六日までストックホルムで開催され、人間環境の保全と向上に関し、世界の人々を励《はげ》まし、導くため共通の見解と原則が必要であると考え、以下のとおり宣言する。

一、人は環境の創造物であると同時に、環境の形成者である。環境は人間の生存を支えるとともに、知的、道徳的、社会的、精神的な成長の機会を与えている。地球上での人類の苦難にみちた長い進化の過程で、人は、科学技術の加速度的な進歩により、自らの環境を無数の方法と前例のない規模で変革する力を得る段階に達した。自然のままの環境と人によって作られた環境は、ともに人間の福祉、基本的人権ひいては、生存権そのものの享受《きょうじゅ》のため基本的に重要である。

二、人間環境を保護し、改善させることは、世界中の人々の福祉と経済発展に影響を及ぼす主要な課題である。これは、全世界の人々が緊急《きんきゅう》に望むところであり、すべての政府の義務である。

三、人は、たえず経験を生かし、発見、発明、創造および進歩を続けなければならない。今日四囲の環境を変革する人間の力は、賢明《けんめい》に用いるならば、すべての人々に開発の恩恵と生活の質を向上させる機会をもたらすことができる。誤って、または不注意に用いるならば、同じ力は、人間と人間環境に対しはかり知れない害をもたらすことにもなる。われわれは地球上の多くの地域において、人工の害が増大しつつあることを知っている。その害とは、水、大気、大地、および生物の危険なレベルに達した汚染、生物圏の生態学的均衡《きんこう》に対する大きな、かつ望ましくないかく乱、かけがえのない資源の破壊と枯渇《こかつ》および人工の環境、とくに生活環境、労働環境における人間の肉体的、精神的、社会的健康に害を与える甚《はなは》だしい欠陥《けっかん》である。

四、開発途上国では、環境問題の大部分が低開発から生じている。何百万の人々が十分な食物、衣服、住居、教育、健康、衛生を欠く状態で、人間としての生活を維持《いじ》する最低水準をはるかに下回る生活を続けている。このため開発途上国は、開発の優先順位と環境の保全、改善の必要性を念頭《ねんとう》において、その努力を開発に向けなければならない。同じ目的のため先進工業国は、自らと開発途上国との間の格差《かくさ》をちぢめるよう努めなければならない。先進工業国では、環境問題は一般に工業化および技術開発に関連している。

五、人口の自然増加は、たえず環境の保全に対し問題を提起しており、この問題を解決するため、適切な政策と措置《そち》が十分に講《こう》じられなければならない。万物の中で、人間は最も貴重なものである。社会の進歩を推し進め、社会の富を創《つく》り出し、科学技術を発展させ、労働の努力を通じて人間環境をつねに変えてゆくのは人間そのものである。社会の発展、生産および科学技術の進歩とともに、環境を改善する人間の能力は日に日に向上する。

六、われわれは歴史の転回点に到達した。いまやわれわれは世界中で、環境への影響に一層の思慮《しりょ》深い注意を払いながら、行動しなければならない。無知、無関心であるならば、われわれは、われわれの生命と福祉が依存する地球上の環境に対し、重大かつ取り返しのつかない害を与えることになる。逆に十分な知識と賢明《けんめい》な行動をもってするならば、われわれは、われわれ自身と子孫のため、人類の必要と希望にそった環境で、より良い生活を達成することができる。環境の質の向上と良い生活の創造のための展望は広く開けている。いま必要なものは、熱烈《ねつれつ》ではあるが冷静な精神と、強烈ではあるが秩序《ちつじょ》だった作業である。自然の世界で自由を確保するためには、自然と協調して、より良い環境をつくるため知識を活用しなければならない。現在および将来の世代のために人間環境を擁護《ようご》し向上させることは、人類にとって至上《しじょう》の目標、すなわち平和と、世界的な経済社会発展の基本的かつ確立した目標と相並《あいなら》び、かつ調和を保って追求されるべき目標となった。

七、この環境上の目標を達成するためには、市民および社会、企業および団体が、すべてのレベルで責任を引き受け、共通な努力を公平に分担することが必要である。あらゆる身分の個人も、すべての分野の組織体も、それぞれの行動の質と量によって、将来の世界の環境を形成することになろう。地方自治体および国の政府は、その管《かん》轄《かつ》の範囲内で大規模な環境政策とその実施に関し最大の責任を負う。この分野で開発途上国が責任を遂行《すいこう》するのを助けるため、財源調達の国際強力も必要とされる。環境問題は一層複雑化するであろうが、その広がりにおいて地域的または全地球的なものであり、また共通の国際的領域に影響を及ぼすものであるので、共通の利益のため国家間の広範囲な協力と国際機関による行動が必要となるであろう。国連人間環境会議は、各国政府と国民に対し、人類とその子孫のため、人間環境の保全と改善を目ざして、共通の努力をすることを要請《ようせい》する。

いかがだったでしょうか。今読んでいただいてもまさにその通りだと、思わずうなずきたくなる内容ではないでしょうか。

確かに「国連人間環境会議」の提言は、当時の公害、環境問題、地球資源問題の深刻さを見事に感知したという意味では重要であったと思います。

しかし、「国連が世界に指示を出し、各国はそれを受けた」という、いわゆる上意下達《じょういかたつ》により、国の行政を使って解決しようとしました。ですから、指示を受けた国々は、それを真剣に受け入れて、つまり、自分のこととして受けとめて、これまでの行政の対応を反省し、変革するところまでは至りませんでした。

一九九二年、ストックホルムでの「国連人間環境会議」の下支えをした「ローマクラブ」（NGO）は、福岡市で「人間環境宣言」以後二十年目の成果についての話し合いとしての国際会議を開催しましたが、そこで確認されたことは、「この二十年間、世界の対応はほとんど変わらず、むしろ悪化の一途《いっと》を辿《たど》っている」という認識でした。

なぜ、これほどすばらしい理念が提示されたのにもかかわらず、世界は変わることができなかったのでしょうか？

この疑問が福岡会議での主題になりました。しかし、十分な結論が出ないまま、話し合いの場は、その年の夏に開催されたブラジルのリオデジャネイロでの「地球サミット」に移されました。

地球を守る二十七の基本原則
――「リオ宣言」から十年

第一章で取り上げたように、二〇〇二年一月に国連事務総長報告が発表されました。ブラジルのリオデジャネイロで開催された「環境と開発に関する国連会議（地球サミット）では、「リオ宣言」が採択《さいたく》され、「アジェンダ21」として二十七原則、四十章からなる行動計画が提示されました。わが国も「ローカルアジェンダ21」を策定《さくてい》し、国内五十四カ所の自治体もそれに倣《なら》ってそれぞれ「ローカルアジェンダ21」を策定しました。

それから十年後の二〇〇二年、その成果は先にも取り上げたように、国連の事務総長さえもこの取り組みは失敗に終わったことを認めてしまいました。

政府の見解はどうであれ、少なくとも私たち国民のほとんどは、わが国で策定されている「アジェンダ21」を知らなかった、という実態を認識すべきです。中央環境審議会が平成十一年十二月に取りまとめた答申《とうしん》――「これからの環境教育、環境学習――持続可能な社会をめざして――」において、次のように指摘しています。「多様化、深刻化する環境問題に対応していくためには、国民一人ひとりが人間と環境との相互作用について理解と認識を深め、環境に配慮《はいりょ》した生活・行動を行ってゆくことが必要であり、行政、事業者、民間団体、個人が連携《れんけい》を図《はか》りつつ、幼児から高齢者まで学習する必要がある」――。これが伝わらなかったのはなぜなのでしょうか。

ここに様々な環境関係の宣言文が、現実に生きることに結びつかなかった大きな原因があるように思います。

一九七二年に「人間環境宣言」が発信されて以来三十年間、私たち人類は一体何をしていたのでしょうか。地球規模の環境問題は一向に改善されず、むしろますます深刻化してきたのはなぜなのでしょうか。

私たち人類は、もうこれ以上同じ過《あやま》ちを繰《く》り返すわけにはゆきません。

第三章　求められるパラダイム転換

なぜ二十世紀の「人間環境宣言」は成就《じょうじゅ》しなかったか？

一九七二年に発信された「人間環境宣言」が、人間と環境の相互《そうご》関係についての、そして子々孫々《ししそんそん》にまで自然環境を伝承するための提言を的確に書き記していることはもうお分かりだと思います。

当時の私たちがこの条文を元に生き直していたならば、地球環境の破壊はこれほどまでにはならなかったに違いありません。しかし、この宣言以降、三十年を経て振り返れば、地球環境は悪化の一途《いっと》を辿《たど》っていたことが分かります。二十年後の一九九二年、さらに十年後の二〇〇二年を振り返っても、ますます悪化するばかりでした。

ではなぜ、改善されなかったのでしょうか？

私はこの答えを、ダイオキシンの研究を通して知ることになりました。

私たちは、地球環境の破壊の現実を見て、自分たちの行ってきたことが正しかったのかどうかを省みずに、汚染を改善するための科学的手法に頼り切った対応に終始してきたように思います。つまり、「科学技術で直せる」「科学技術こそ環境問題解決の先鋒《せんぽう》である」と固く信じていたのです。

しかし、地球環境問題の原因を探ってゆけば、科学的手法に頼るだけでは不十分であることは明らかです。私たち一人ひとりのライフスタイル（生活様式）が変わらなければ、そしてその基となっている一人ひとりの感じ方・考え方が変わらなければ、それは決して解決できない問題だからです。にもかかわらず、環境を破壊するようなライフスタイル——夏は冷房、冬は暖房……と、快適さのみを追求してきたライフスタイルを続けている私たち自身の感じ方・考え方は軽視《けいし》されてきたのではないでしょうか。

このことは、わが国のダイオキシン問題で、当初、対策が楽な大型焼却炉《しょうきゃくろ》の規制《きせい》だけで対応ができると考えていたのと似ています。家庭や中小企業が持っている小型焼却炉は規制が難しく、言ってもなかなか聞いてくれないこともあって、後回しにしてしまいました。これではダイオキシン汚染を根本から改善することは望めないわけです。

どうすれば、ライフスタイルを変えることができるのでしょうか。そのためには、ライフスタイルを生んでいる私たちの内側（精神・心）を見つめなければなりません。

言い換えれば、私たちは問題の結果を見て、科学技術で解決しようと躍起《やっき》になり、「外」ばかりを変えようとしてきたということです。しかし、結局それでは何も変わらなかったのです。

実は真の問題解決とは、私たちの内側（精神・心）を変えることから始まるのです。なぜなら、環境破壊の原因を引き起こしているのは、私たち人間一人ひとりの誤った行動であり、それはその人間自身の精神活動によるものだからです。

内（精神・心）を変えずに外（現象）ばかりを変えようとしても事態は変わらない。これが「人間環境宣言」を空文にしてしまった原因だったのです。具体的にその検証を、私自身の体験を通して記してゆきたいと思います。

ツーヅー病院（ベトナム）での衝撃《しょうげき》が発端《ほったん》に

一九八八年にベトナムに向かった調査団は、原田正純《まさずみ》教授（現在熊本学園大学社会福祉学科）を団長とし、三浦洋氏（現在大阪府立阪南中央病院院長）を副団長として、後は関心のある医師、看護婦で構成された十五、六人のツアーでした。ベトナムの病院側からは、現在のホーチミン市にある国営の産婦人科病院・ツーヅー病院で副院長をされていたフォンさんから連絡が入りました。

ツーヅー病院は年間一万三千件から一万六千件以上の分娩《ぶんべん》を取り扱うベトナム最大の産婦人科病院です。彼らのデータによると、流産は、一九六七年には一四・七六％、一九七六年には二〇・二六％、一九七九年からは一〇％台で横ばい状態だということでした。死産については、一九五三年頃〇・三二％だったものが、米軍による枯《か》れ葉剤散布《はざいさんぷ》後は一九六七年で一・五五％、一九七七年には一・七九％に上がり、一九八三年からは横ばい状態であるといいます。先天異常については、一九五二年におけるツーヅー病院での先天異常出生率は千人当たり二・三二人でしたが、一九六七年には五・四四人に、一九七六年では十〜十六人と増加していました。この他に現在問題になっている病気は胞状奇胎《ほうじょうきたい》と絨毛《じゅうもう》ガンであるといいます。この他に染色体異常、甲状腺腫《こうじょうせんしゅ》なども見られました。

この実態を見た調査団が、現在なお環境が汚染されていると判断した結果、私たちの研究室に調査の依頼が来たという経緯《けいい》があります。

ベトナムに行って初めて、米軍の枯れ葉剤散布作戦でダイオキシンを散布していたことに確信を得ました。

その理由の一つは、ベトナムに着いた直後にツーヅー病院に一九七二年頃からホルマリン漬《づ》けで保存されている奇形児の姿に接したことでした。想像を絶する子どもたちの悲惨《ひさん》な姿に、私の目と足は釘付《くぎづ》けになってしまいました。七〇平方メートルほどの部屋

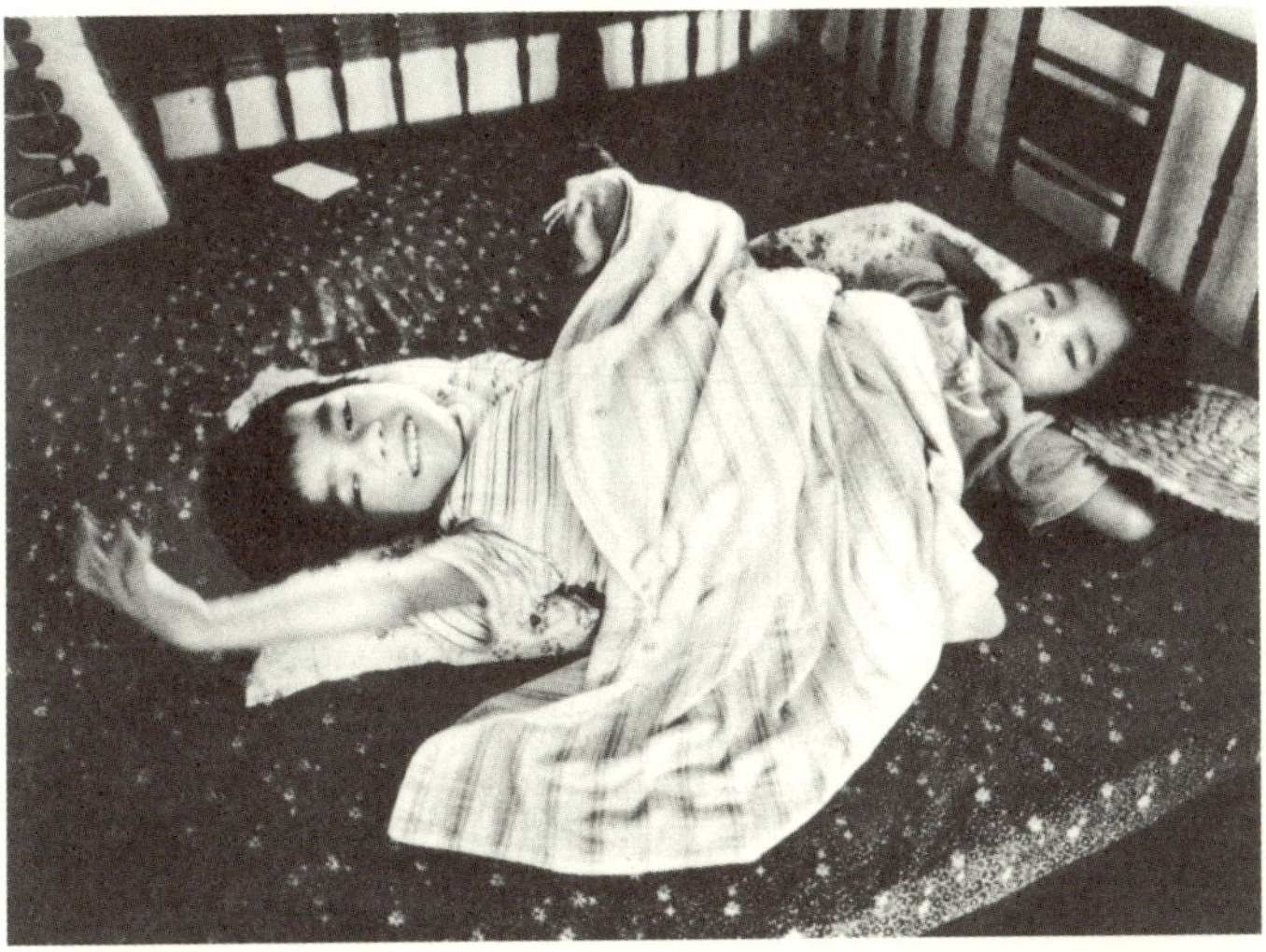

ベトちゃんドクちゃん（朝日新聞社）

図表3-1　枯れ葉剤の影響で、多くの先天異常児が出生

の四方の壁にある数段の棚《たな》が所狭《ところせま》しと奇形児のホルマリン漬けのビンで埋《う》め尽《つ》くされていました。体が一つに頭が二つ、一つの顔に体が二つ、目も鼻も口も無い顔、一つ目の顔をもつ子ども、手や足が萎縮《いしゅく》してしまっている子ども……。言葉に尽くせない異常な事態がそこに並んでいたのです。

「これがダイオキシン汚染なんだ！」——私の中で何かが爆発する瞬間でした。それまで十年間ダイオキシン問題に取り組んできて、それなりに分かっていたつもりでしたが、想像以上の悲惨な現状を見せつけられ、私は言葉を失いました。

　それから二週間、各地に保存されている奇形児、軽症《けいしょう》ゆえに生き永らえている奇形児に毎日出会いました。ベトナムには今もたくさんの子どもがいます。その中で奇形児が皆と一緒《いっしょ》に生き生きと生活している姿を見ると、ほっとする思いと同時に、ダイオキシンを含んだ農薬を米軍に送り出していた日本の国民の一人として心が痛みました。そして、戦争こそ最大の環境破壊であると改めて得心しました。

　当時のベトナムは、一九七二年の終戦以来、共産圏のみに国交を開き、欧米諸国の科学者には間接的に試料を分析依頼する程度でした。ですから、私たち環境調査グループ

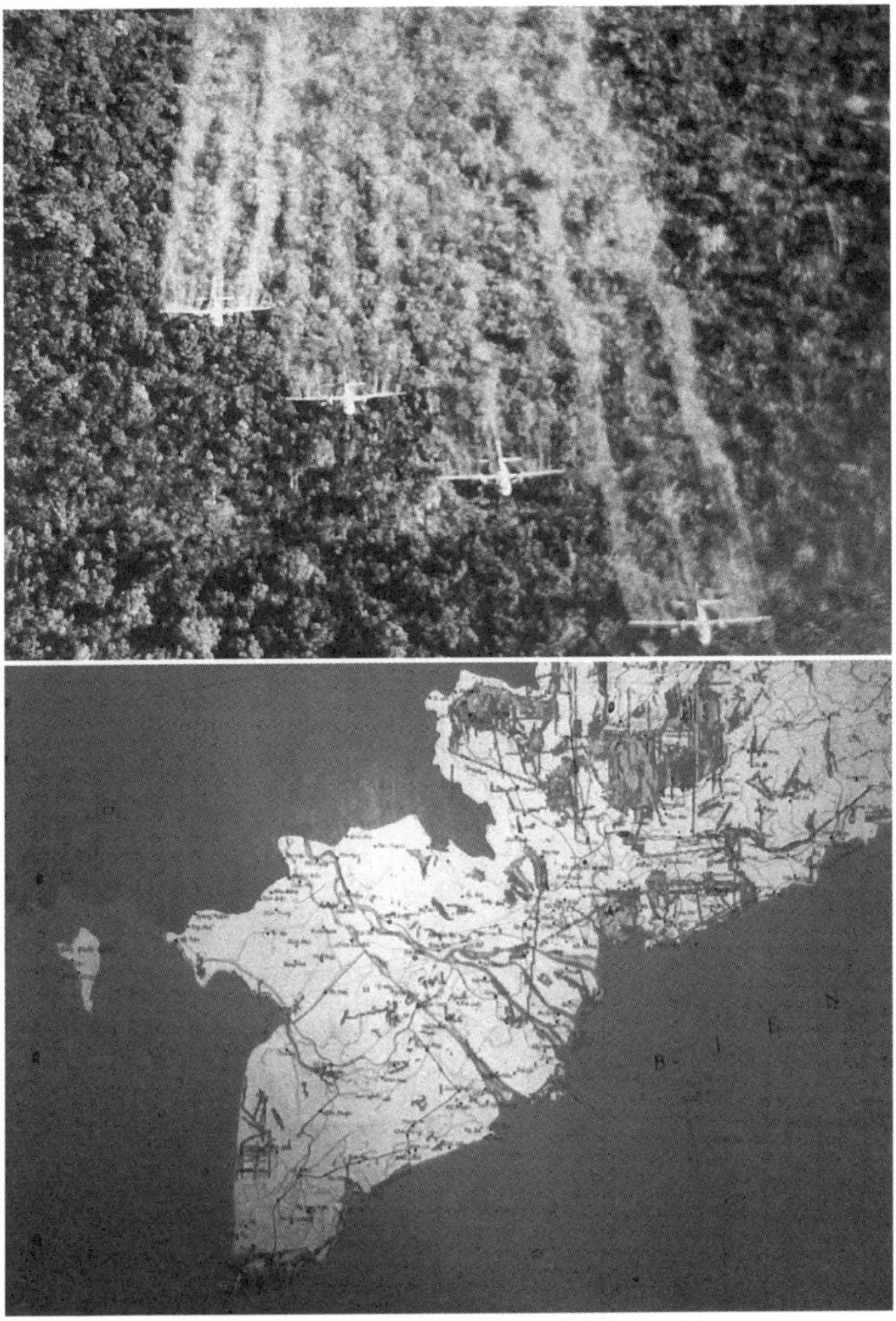

（写真上）枯れ葉剤を散布する米軍機　（写真下）1962〜72年に枯れ葉剤が散布された地域（濃い部分）

図表3-2　枯れ葉剤が散布された地域

がベトナムに入国したのは一九八九年からで、戦後十七年が経過していました。

北ベトナムのハノイから南ベトナムのカマウ岬《みさき》の端《はし》までの地域で、四年かけて、土壌、水、野生生物、住民の血液、大気と環境全般についての調査を行いました。

ところが、米軍基地跡を除いて、一般の自然環境中には枯れ葉剤由来《ゆらい》のダイオキシン類は検出されず、あっても日本の環境中濃度に比べるとはるかに低いものでした。ただ、米軍基地跡地では、高濃度のダイオキシン・2、3、7、8-TCDD（四塩化ジベンゾ-パラ-ダイオキシン）が検出され、間違いなくダイオキシン含有の除草剤が散布されたことを証明していました。ここで検出された2、3、7、8-TCDDは除草剤2、4、5-T（トリクロロフェノキシアセテート）に含有される特有のダイオキシン類で、ダイオキシン類中最も毒性の強い成分です。しかし、当時散布されたという地域ではほとんど検出されませんでした。

今もベトナムの惨事は本当にダイオキシン汚染によるものなのか、という疑問を持たれている科学者も多いのです。枯れ葉剤作戦がダイオキシン汚染を引き起こしたという確かな科学的証拠は残念ながら今はないからです。

枯れ葉剤散布直後のジャングル（1960年代、南ベトナム・ミンハイ省で住民が撮影）

今もなお森林は回復していない。（1989年6月、南ベトナム・ミンハイ省）

図表3-3　枯れ葉剤が散布された後のジャングル

それは、ベトナムが終戦後長期間にわたって国交を閉ざしたことが最大の理由でした。その間に、自然環境は毎年訪れる雨季の大雨によって洗い流され、その結果、土壌表層のダイオキシン類はわずかな痕跡《こんせき》を残す程度になったと考えられます。

しかし、この事態はベトナムの大地に散布されたダイオキシン類が雨季の大雨によって太平洋に流れ出たことを意味しています。米軍は太平洋への流出量は十年間で一七〇キログラムの2、3、7、8-TCDDだろうと推定していますが、ベトナム側の推定では五〇〇〇キログラム以上となっています。

いずれにしても、自然界では分解されにくい大量のダイオキシンが太平洋に流れ込み、近海の魚介類《ぎょかい》に蓄積《ちくせき》、濃縮《のうしゅく》して、次第《しだい》に人間に影響を及ぼすことになるでしょう。

私たちは、ベトナムのダイオキシン調査を通して、これは決して他人事《ひとごと》ではなく、日本でもこれからダイオキシン汚染は環境を脅かす大きな社会問題になると予想しました。

そして、ベトナムの調査と並行して、国内のダイオキシン汚染の現状を調査しようと考え、その手始めに身近な環境である瀬戸内海の汚染を取り上げました。瀬戸内海は魚種の豊富な海域で、周辺住民の生活を支えている重要な海です。まず、この海を守りたい、この海で生活している人々を守りたい、そう考えて調査を開始したのです。

私にとってのパラダイム転換への促《うなが》し
——川之江《かわのえ》ダイオキシン・パニック

【ドキュメント——「川之江事件」再考】

私たちは、ベトナムのダイオキシン調査で大変な衝撃《しょうげき》を受けて帰国しました。「これが今、日本でも起ころうとしているダイオキシン汚染なのか」——。このショックが冷《さ》めやらないうちに何とかしたい、早急《さっきゅう》にわが国のダイオキシン汚染の現状を調査し、緊急に対策を講《こう》じなければ大変なことになる、と考えました。

そのわが国のダイオキシン汚染調査の手始めに、身近な瀬戸内海を取り上げ、そこでの研究結果を国内に広げていく方針を立てました。それが川之江市、伊予《いよ》三島市地域

（愛媛県）に集中する製紙関連工場からの排水問題でした。

製紙工場ではカルキと呼ばれる塩素系の漂白剤《ひょうはくざい》が複数の目的で使用されていることが分かっていました。そこで、工場の排水が流入する河川河口を調査対象にし、排水、魚介類を採集して調査・検討しました。その結果をもって、製紙工業会という組織にダイオキシン対策をするよう働きかけをしたのです。予想通り、製紙関係の大半の企業はダイオキシン問題を知らされていませんでした。

工業会は各企業の社長、専務といったトップクラスの方々が参加して話し合いをしている組織で、そこでは「私たちは知らなかった。今からでも対策があるならぜひ取り組みたい」という前向きな反応を頂きました。

気を良くした私は、たまたま研究室に来ていたテレビ局の記者にその話題を話してしまいました。その記者も、「それはすばらしい取り組みだ。ぜひ取材したい」と共感されたので、製紙工業会を紹介したのでした。

ところが、その話題が報道されると、ダイオキシン対策の部分ではなく、私たちが調査した魚の汚染の方が大きく伝わってしまったのです。それがもとで、地元ばかりか愛媛県全体がダイオキシン汚染パニックの渦《うず》の中に巻き込まれてゆきました。これを、「川之江事件」と私は呼んでいます。

私がこの一連の出来事を「川之江事件」と呼んで何度も検証し、大切にしてきたのは、私の人生にとって本当に忘れることのできない重大事件であったと同時に、この事件を体験することによって、「新しい科学者」に生まれ変わる機会を頂いたと信じているからです。

この「川之江事件」は、一人の科学者が「一人の人間として」の原点に還り、環境問題にどう取り組むかという一つの実験であり、そこには環境問題を解くカギが幾つも孕《はら》まれていたと思っています。それだけに、ぜひ書き残しておきたいと思うのです。

【降ってわいた騒動《そうどう》】

一九九〇年十月二十三日、愛媛県川之江市の周辺では秋祭りの初日を迎えていました。朝九時のニュースで「川之江市で製紙工場の排水からダイオキシンが検出され、そこに棲《す》む魚に高濃度で蓄積《ちくせき》していた」という報道がなされました。

川之江市全景

製紙工場からの排水

図表3-4　川之江市全景と製紙工場からの排水

その日の午後から、新聞各社の取材が始まり、翌日、ある全国紙の関西版に一面トップの大見出しで「魚から猛毒ダイオキシン」と報道されました。これを皮切りに、新聞各社、テレビ番組関係者が怒涛《どとう》のように私の研究室に殺到《さっとう》してきました。

それから数日はこの話で持ちきりとなりました。不安が広がって、「もう、魚介類は食べられない」と、川之江市民の不買《ふばい》現象まで起こり始めました。家庭の台所を預かる主婦にとってみれば、「有害です」と烙印《らくいん》を押されたものを買うはずはありません。昨今の狂牛病騒ぎと同じです。

そして、今度は漁業協同組合が、汚染物を排出した企業を相手に訴訟《そしょう》の構えを見せ始めました。

一方、当時の通産省から企業に対しては特に指示はなく、言ってみれば寝耳に水、といったところでした。しかも、隠そうとしたのではなく、これから積極的に対策を講じることを考えている状況だったので、困り果ててしまう始末でした。

川之江市、伊予三島市の行政、愛媛県の行政官は、企業と同じくダイオキシンに関してはほとんど情報を持たず、このパニックをどのように収拾してよいか分からないまま

朝日新聞　1990年(平成2年)10月24日　水曜日　39241号　(日刊)

朝日新聞

朝日新聞大阪本社

© 朝日新聞大阪本社1990

魚から猛毒ダイオキシン

愛媛・川之江　製紙工場の近く

愛媛大調査　環境庁全国調査へ

日本有数の製紙工場地帯、愛媛県川之江市の製紙工場群の排水が流れ込む川から採取した魚に、高濃度のダイオキシンが含まれていることが二十三日、愛媛大学農学部の脇本忠明教授(50)らの研究グループの調査で明らかになった。同研究グループは「ダイオキシンの発生源は工場群」としている。ダイオキシンはきわめて強い毒性があり、体内に入ると少量でも死んだり、がんを発生させることなどで知られる。これまでも、ごみ焼却場の煙などから排出されて、問題になったことがあるが、さらにもう一つの発生源として製紙工場が明らかになったことを重視、環境庁は全国の製紙工場周辺の汚染調査をする。

「海洋汚染の危険性も」

脇本忠明教授

脇本教授らは昨年十一月から約二カ月おきに、川之江市の金生川河口付近で、ボラ、ハゼ、アイナメ、カキ、カニ、ムラサキイガイを採取して調べた。そのすべてからパルプや製紙工業の過程で出される2・3・7・8四塩化ＤＦという種類のダイオキシンを検出。最も濃度が高かったのは、今年六月に釣ったボラで、毒性の強い2・3・7・8四塩化ジベンゾダイオキシンという種類のダイオキシンに換算して九・四pptの高濃度のダイオキシンを検出した。世界保健機関(WHO)が定めているダイオキシンの一日摂取許容量は五〇―二五〇ピコグラム(一兆分の一グラム)。九・四pptのダイオキシンが含まれるボラを一日に百グラム食べると摂取量は九四〇ピコグラムにもなり、許容量を大きく超える。

川之江市は、隣接する伊予三島市とともに西日本屈指の製紙工業地帯。両市合わせて五十六の製紙会社がある。川之江市内には約三十社の製紙工場などがあり、金生川はこれらの工場が密集している市中心部を流れている。脇本教授はこの研究を十一月末に東京で開かれる環境科学会で発表するが、「魚などの採取地点は海にも近く早く手を打たないと大規模な海洋汚染に発展する可能性もある」と、警告している。

米国でも一九八七年十月、五つの製紙工場のパルプと、工場下流の河川にすむ魚から高濃度のダイオキシンが検出され、米環境保護局(EPA)が全国的な調査をしたことがある。検出されたのはダイオキシンの中でも特に毒性が強い2・3・7・8四塩化ジベンゾダイオキシンで、パルプ中には数pptという濃度で含まれていた。製紙工業界内部では、製造過程でダイオキシンが発生することはいくから知られていたという。だが、専門学者の間でもこのことは広く知られず、国内でこれまで大きな問題になることはなかった。

ダイオキシン　有機塩素化合物であるポリ塩化ジベンゾダイオキシンのこと。化学構造の違いによって七十五種類の異性体があり、それぞれ毒性に差がある。ベトナム戦争で使われた枯れ葉剤「2・4・5T」に含まれていた2・3・7・8四塩化ダイオキシンは合成化学物質の中では最も猛毒とされ、致死量は体重一キロ当たり十万分の一グラムといわれる。また遺伝子に突然変異を起こさせ、奇形やがんを発生させる作用も強い。農薬製造時などに副産物として出来るが、これまでごみ焼却場でも生成すると問題になっていた。

愛媛県製紙パルプ工業会の小谷良太郎専務によると、ダイオキシンは製紙の材料となるチップから繊維を取り出す際に残るリグニンという物質を除去するために使う塩素と有機物が結合して発生するとみられている。このため、最近は塩素でなく酸素や二酸化塩素を使う技術が確立し、大手企業を中心に対応が進んでいる。また、どうしても取り除くことができない、極めて微量のダイオキシンを含んだ排液を処理する実験も八月から始まっている。来年三月ごろには、技術確立の見込みが立っているという。

愛媛県環境保全課によると、これまで製紙工場ごとに排水の水質検査を年一回実施しているが、ダイオキシンは国の規制値も決まっていないため、検査項目にはいっていない。篠崎輝雄課長は「検出されたのは微量と聞いており、今すぐに対策が必要とは考えられない。いずれにせよ、環境庁の指導を待って対応したい」と話している。

図表3-5　1990年10月24日朝日新聞朝刊

手をこまねいている以外に術《すべ》がありませんでした。

そして、ついに「こんな研究をした脇本が悪い」と言って研究室に怒鳴《どな》り込んでくる漁民の方まで現れてきました。

ダイオキシン・パニックは川之江市周辺では収まりませんでした。大阪の魚市場ではトロ箱に「愛媛」の文字が入ったものはすべて送り返されたといいます。川之江市とは関係のない宇和海域のものまでシャットアウトされてしまう始末でした。

私自身は、事態の打開を願いながらも、マスコミ対応、漁協対応、行政対応に追われ、その上、県や国からの問い合わせが殺到し、思案に暮れてしまいました。

「何で私がこんな思いをしなければならないのか」「私は何も悪いことをしていないではないか」――そんな愚痴《ぐち》と責めの思いすら次々に出てきてしまう状況でした。わずか一週間ほどなのに、もう疲労困憊《ひろうこんぱい》してしまいました。

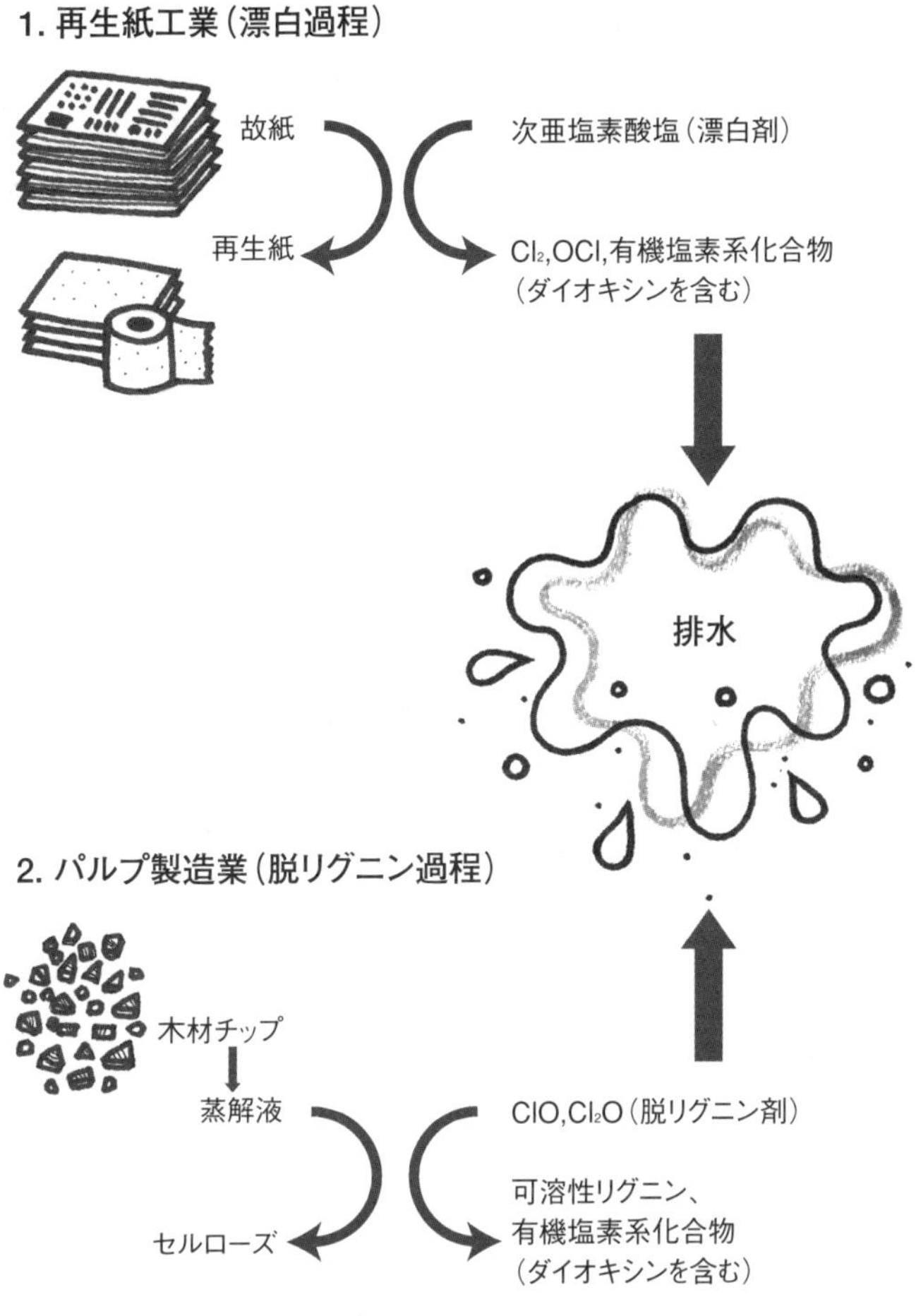

図表3-6　紙、パルプ工業でのダイオキシン発生メカニズム

【地球を守りたい、一人ひとりを守りたい――原点回帰《かいき》への促《うなが》し】

この出来事は、私が研究の責任者として社会に関わった初仕事でした。

それまでは、上司が責任者として立ち回られており、私は下支えをしていればよかったのですが、一九八九年以降は一つの研究室の教授として、私の全責任で行動しなければならない立場にありました。教授、助手、学生五人のスタッフで取り組んだダイオキシン低減対策の初仕事がとんでもない大事件になってしまったのです。

ちょうど二十年前、同じ海域でPCB汚染がきっかけとなり、パニックが起きた事件がありました。その時の責任教授が当時の私の上司・立川涼《たつかわりょう》教授でした。私は傍《かたわ》らでその経緯《けいい》をすべて見ていました。上司も当時は大変な思いをされていたのだと、自分自身が同じ目に遭《あ》って初めて、本当に切実にその思いに気づいたのです。

しかし、私の重心は、「この事態から早く逃げ出したい」「誰か何とかしてくれないか」という思いにあったように思います。そして、私がちょうどそんな気持ちに陥っているとき、私の人生の師・高橋佳子先生から突然連絡を頂いたのです。

先にご紹介したように、高橋先生は、現代社会が抱える様々な問題群を、自ら自身の責任として自分に引き寄せ、意識と現実の同時変革によって解決し、全く新しい事態を創造するという「鮮烈《せんれつ》なる変革」の道を示されています。現在、経営者、医療者、教育者、科学者、法律家、芸術家、と様々な分野の専門家を対象とするセミナーや多くの著作を通して、TL（トータルライフ）人間学を提唱《ていしょう》されています。私も一人の科学者としてそのセミナーで学んでいました。

この高橋先生からのメッセージは、「この出来事は脇本さんが本当の科学者として関わらなければならない事件ではないでしょうか。脇本さんは今、川之江市で講演会を開こうとされていますが、どんな気持ちで向かわれるのでしょうか」と私の気持ちがどの次元にあるかを問いかけて下さるものでした。

私は、講演の中で自らの立場をきちんと伝えようと腹を決めておりました。ただそこには、「私が言っていることは間違っていない」という自己弁護《べんご》の想いが強く含まれていたと思います。

ところが、先生は、「弁解をする講演会にしてはならないはずです。脇本さんは、本当は何をなさりたかったのでしょうか」と戒《いまし》められたのです。

高橋先生からの伝言について、私はその晩考え抜きました。私はベトナムでダイオキシン汚染の恐しさを見ました。それを日本で引き起こさないために調査をし、有効な対策を立てたいというのが、もともとの原点だった。それが……。分かっているつもりで、少しずつ、ずれが生じ、道を見失っていた。そうだ。そこに還《かえ》らなければ自分の目的には向かえない、と思い至りました。

明け方トロトロと仮眠を取り、その時、夢を見ました。高い岸壁の小さな道を上へ上へと登っている私の姿がありました。右側は断崖絶壁《だんがいぜっぺき》、左は険しい岩山です。ふと後ろを振り返ると、たくさんの人々が手をつないで私の後から登ってくる光景が見えました。「私の後ろから多くの人々が付いて来られていた」——何とも言えない支えられる思いが湧《わ》きあがってきたのです。

私はこの方々のためにダイオキシン問題に取り組んできたのだ、という原点が思い出されてきました。パニックになった瞬間は、瀬戸内海の人々を守りたいという初心を忘れていました。そして、自分を守ることに心が奪《うば》われ、大切な講演会を台無《だいな》しにしてしまうところでした。私は目から鱗《うろこ》が落ちた思いで、「この心で今日の講演会に臨《のぞ》もう」と気持ちが定まったのです。

講演会には、報道関係者も含め約八百人が参加。ダイオキシン汚染の実態を発表した当初の意図とともに、ダイオキシン汚染についての基礎知識をお伝えしたのです。慌《あわ》てず現状を把握《はあく》すること、ダイオキシンを生み出す私たちのライフスタイル、ひいてはこの文明自体に原因があることを講演の軸に据《す》え、「捕獲《ほかく》された魚を食べて、今すぐ危険ということはない。ただしこのままの状態が今後も続けば危険な状態を招きかねない」ということを訴えたのでした。

そしてこの講演を通して、市民をはじめ、関係者の方の不安はひとまず沈静化《ちんせいか》することになりました。

【卵のたとえ――科学者である前に、一人の人間として】

それから数日後、高橋先生の講演会が東京で開催されたときのことです。そこで私は、高橋先生より直接「川之江事件」について、忘れることのできない大切な助言をいただきました。

それは「卵のたとえ」でした。高橋先生は鶏《にわとり》の卵を指し示しながら、「この卵は、厚い殻《から》で守られています。しかし、ある時期までは確かに中身を守るために必要ですが、いつまでも厚い殻の中に閉じこもっていると、大切な中身は外に出られないまま、一生を終わってしまいます。この卵の殻とは、科学者にとっては科学者である、という殻であり、名誉、名声、業績……、といくらでも殻を厚くするものがあります。卵の中身とは『私という一人の人間の生命』であり、『科学者である前に、一人の人間として生きる』ということではないでしょうか」と伝えて下さったのです。

また目から一枚鱗《うろこ》が落ちる思いでした。科学者である前に、「一人の人間として」立ち向かう――。もともとの原点を見失い、いつしか狭い科学者の枠《わく》の中だけで活動しようとしていたことを恥ずかしく思いました。「ここまでが科学者のする仕事。ここからは行政がやれ。企業がやれ」と自分の責任範囲を狭く守り、自分は傷つかないようにと守る。後は他人任《ひとまか》せ。これではダイオキシン問題は解決しないと気づきました。

「本気でダイオキシン問題を何とかしたいのなら、ダイオキシンのことをみんなに理解していただかなければ実現しないでしょう。それは誰がやるのでしょうか。脇本さんがベトナムでダイオキシンの恐ろしさを見てきたなら、知っていて黙って見ているのでしょうか。それは残酷《ざんこく》なことです」との言葉が私の胸に突き刺《さ》さりました。

私は心が震えました。これまで何を考えてきたのか。果たしてそこまで真剣に背負おうとしていたのだろうか。同時に、心の霧《きり》が晴れてゆく思いがしました。私は、ベトナムの悲惨な状況を原点に置き、高橋先生の助言に従って実践《じっせん》したいと決意しました。

さらに高橋先生は、「脇本さんがダイオキシンの父になって下さい」とのメッセージを下さいました。この公案《こうあん》のような言葉を心に、私は松山に戻って来ました。

事件が起こってから二週間目でした。私はこれまでの狭い科学者の枠から出よう、そしてあらゆる人にダイオキシン問題を分かってもらうために努力をしようと考え、講演会の依頼はできるだけ受け、行政関係の人たちのためには講習会や説明会を開き、国の審議会や検討会にも出席してゆきました。小学校、中学校からの依頼はもちろんのこと、様々な市民団体の講演も数多く行いました。

もともと人間関係がわずらわしかった私が、人が変わったようになり、自分でも不思議なほどでした。

このころから変化が起こり始めました。私が気持ちを入れ替えて取り組み始めて間もなく、あれほど激しく荒れた漁協、企業、市民の人たちが、突然変わられ始めたのです。

その一つは、製紙工業会の一員である企業の専務さんが突然研究室に来られ、「先生の気持ちはよく分かります。私も全面協力しますのでよろしく」とのご挨拶《あいさつ》をされたことでした。この方は後に工業会の中に環境調査会を設立し、委員長としてダイオキシンの発生を少なくするカルキの使用法を説明してまわり、一年後にはこの地域の合同排水路からダイオキシンが検出されなくなるレベルまで対策を進めてゆかれたのです。

次に、漁協から一通の手紙が届きました。組合長さんからのものでした。内容は、私たちの研究室がまだ調査をするというのであれば、「船を出してもいい、そして魚介類の収集に協力したい」という申し入れでした。一番憤《いきどお》りを抱いていた方々でした。

このように「川之江事件」が起こってから一カ月ほどの間に事態は急速に変化し始めたのです。事件当初に比べると予想外の方向転換になってゆきました。

こうした方々には本当に励《はげ》まされました。もはやダイオキシンの問題に対しては、

「臭《くさ》いものには蓋《ふた》をしろ」とはせず、「自分たちの手で環境を守りたい、何とかしたい」という共通の願いを基《もとい》として対応に向かったのですから。もちろん、経営者には経営者の、漁民には漁民の、そして一般市民には一般市民の立場と利害があることには変わりはありません。しかし以前と決定的に異なっていたのは、そうした立場や利害を超えて、この内海《うちうみ》を守りたいと全員が願っていたということでした。つまり、誰が被害者で誰が加害者であるといった表面的な見方ではなく、誰もが被害者であると同時に加害者でもあるという地平から取り組んでゆけるということ。誰もが地球のいのちを守る同志であるという確信を抱いたのです。

私はこの川之江事件を体験して、自分の中で何かが大きく変わったように思いました。これまでの科学者としての生き方が変わったとでもいうのでしょうか。

市民講演会直前の高橋先生のメッセージは私にとって本当に大きかったと感じています。「科学者である前に、『一人の人間として』環境問題に立ち向かう」というご指摘に、私の中に大切な柱を打ち立てられた思いがしています。

これまでの私には、願いとは裏腹に、「私は科学者。環境問題は、その私が何とか解決しなければ」という自負もあったことが見えてきました。しかし、この思いの延長線上には解決の糸口はありませんでした。それが、「一人の人間として」という原点に立てたとき、自分の為《な》すべき仕事が見えてきたのでした。

そして、もう一つ、「卵の殻《から》」のたとえで気づいたことがあります。高橋先生の示されたの意味は、「自分の本当に願う生き方は、時が来るまで殻の中で待っている」ということ。そして、この事件が私に、「さあ、殻から出ましょう」と呼びかけてくれていたことです。「『一人の人間として』生きよう」と決意したとき、私は「私が変わります」を宣言したのだと、今、確信することができます。私は、この新しい思い方を心の軸《じく》として、それから十年間わが国のダイオキシン汚染の実態調査を続け、講演会を引き受け、検討会に参加し、また多くの子どもたちにも話をしてきました。

「因縁果報《いんねんかほう》」の智慧《ちえ》から眺《なが》めた環境問題

仏教の言葉に「因縁果報」（図表3—7、八十九頁）という言葉がありますが、先にご紹介した高橋先生はこの言葉の意味を次のように解説されています。

「因縁果報とは、仏教の言葉です。因縁という言葉にまつわって伝わってくる情感的な響きとは異なり、この言葉は、もともとは物事の全体を捉《とら》える十如是《じゅうにょぜ》という言葉の一部に当たる、極《きわ》めて明晰《めいせき》で論理的な言葉なのです。……（中略）……『因《いん》』は原因の中心・直接的な原因、『縁《えん》』とは条件・間接的原因、そして『果報《かほう》』とは結果・影響というほどの意味です。すなわち、因縁果報というのは、ある問題が今生じているならば、それは、因（直接的原因）と縁（間接的原因）が結びついて生じている果報（結果）であるとする捉え方です」（高橋佳子著『新しい力』二〇九頁より）。そして、また、『果報』は変えられないが、『因縁』は変えられる」――とも言われています。高橋先生の事態の捉え方の核心《かくしん》は、生じている「果報」に対する「因」を、常に自ら自身に置くところだと思います。

ここでは、この「因縁果報」の智慧から、「川之江事件」をもう一度振り返ってみたいと思います。

私たちが取り組んでいる環境問題――例えばこの「川之江事件」のダイオキシン・パニックは、「果報」に相当します。つまり、原因（「因」）と条件（「縁」）があって生じた結果が「果報」です。そしてその結果を変えるためには、それを生み出した「因縁」にまで遡《さかのぼ》り、その「因縁」を変革することから始めなければなりません。それだけに、私たちの地球環境がどんなに深刻な事態になろうとも、それを生み出した「因縁」の変革抜きにしては、急に改善することは大変困難であることがよく分かります。

ダイオキシン・パニックが「果報」であれば、「因」とは私のことであり、「縁」とは私以外の人間と現代社会の原則、例えば、「便利さ、豊かさこそ幸せ」「使い捨ての文化」

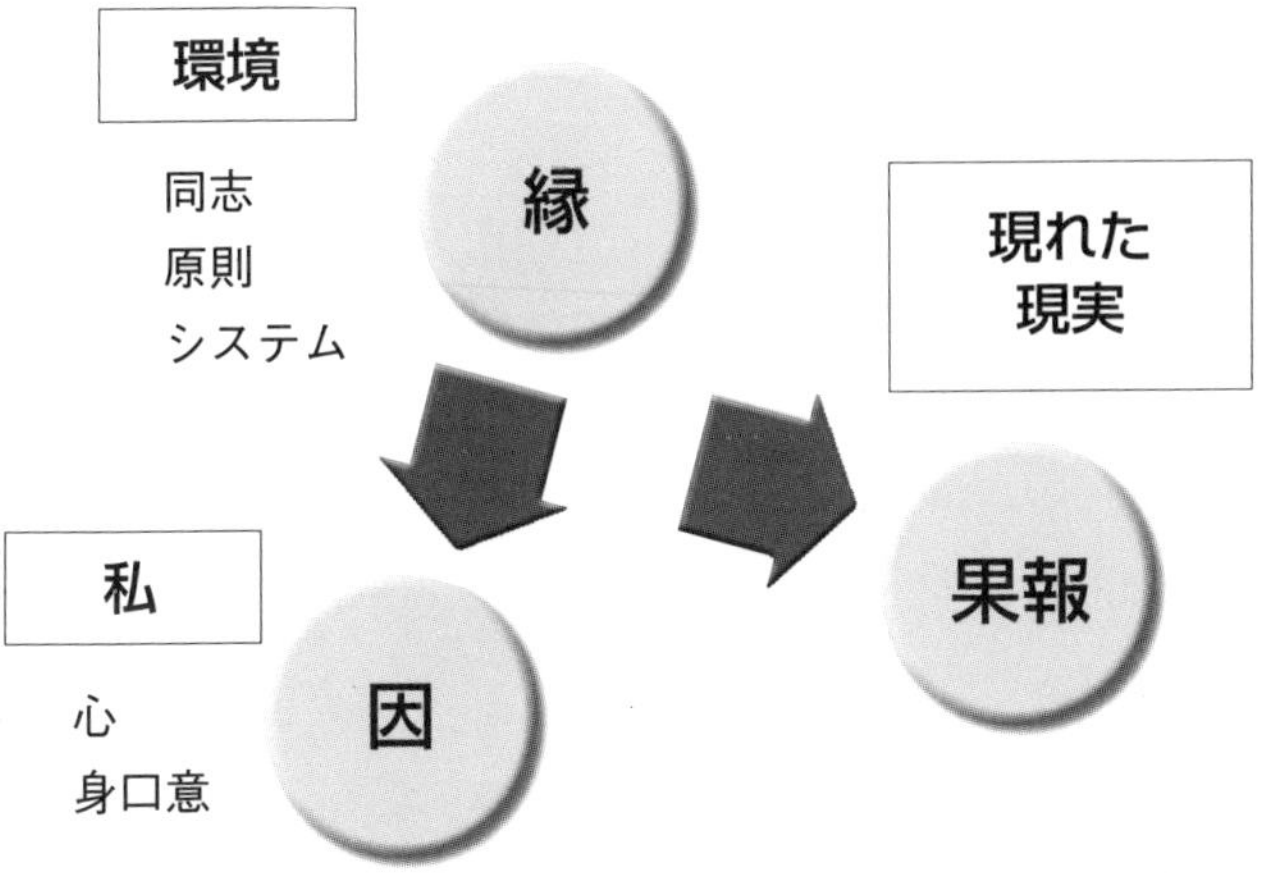
環境
同志
原則
システム
縁
現れた
現実
私
心
身口意
因
果報
©KEIKO TAKAHASHI

図表3-7　因縁果報

といった時代・社会の風潮、そして、現代社会の産業構造、社会システム、教育システムなどのシステムのことになります。

すでに述べてきたように、私たちはこれまでも環境問題に対して取り組んできましたが、「因」としての自分自身を変えようとせず、「縁」の中の「同志、人」に対しては、「環境を守りなさい」と言い続けてきただけでした。だから、環境は悪化するばかりだったのです。まず何よりも、システムを変えれば流れが変わると考えましたが、やはり結果は変わりませんでした。つまり、「縁」（条件）だけを変えても「果報」は変えられないことはもう十分実験してきたのです。

残るは、「因」――「私」の変革です。私たち人類は、これまで事態を変えるためにいろいろ変革を実験してきましたが、自分を変えるという最も簡単なことを置き去りにしてきたように思うのです。それどころか、「私は変わりません」と言ってはばからない思潮が主流だといっても過言ではありません。

これでは「果報」は変わらないのが道理ではないでしょうか。

ではなぜ、「私」は変わりたくないのでしょうか。

それは、私たちが自分の何をどう変えればいいのかが分からないからだと思います。私も「川之江事件」を体験するまでは、周りを変えることばかりを考えていました。自分を変えることが呼びかけられているとは、とても気づくことはできませんでした。それどころか、今の自分を変えると自分がなくなってしまうとさえ思っていました。

しかし、私は川之江事件に至るダイオキシン研究の取り組みを通して、どうしても私たち一人ひとりが変わらなければならないときが来ていることを確信したのです。そしてそのことは、環境問題に関心を抱き、省エネ生活やゴミの分別、リサイクルに積極的に貢献することだけにとどまるものではありません。

なぜなら、ライフスタイルを変えているように見えても、自分を変えていないということがあるからです。例えば、「自分は環境問題に関心があるから、他人より進歩的」「関心のない人を説得して変えなければならない」などの感じ方・考え方を持ったままであれば、自分は変わっていないということに等しいからです。ライフスタイルはもとより、その基となる感じ方・考え方そのものの変革こそが呼びかけられているのです。

二十一世紀の地平より
――わが国のダイオキシン汚染《おせん》の特徴

ダイオキシン汚染に関する研究は一九七九年頃から始めました。当初は、ダイオキシンがこれまで取り扱ってきた農薬などに比べて桁違《けたちが》いに強い毒性を持つということを知ってはいましたが、文献《ぶんけん》上の知識でしたから、あまり実感のこもった恐怖はありませんでした。ところが、欧米でゴミ焼却場の灰からダイオキシン類が発見され、上司が「このままでは問題が大きくなるから、我々のところで研究を始めよう」と提案されたとき、危険性はあるが、また同時に誰も取り組んでいない問題でもあると考え、悩んだ末、引き受けることにしたのです。

それから十年近く、ダイオキシン分析の開発とその分析を使って欧米で問題になっているテーマ、例えば、人体の汚染、魚の汚染など、散発的《さんぱつ》に思いつくまま、手当たり次第《しだい》、分析をすることに夢中になってゆきました。そして、新しい問題が発見できれば、そのことに一喜一憂していたのです。

徐々にダイオキシン分析の腕に自信を持ち始めていました。ダイオキシン問題は、ベトナム問題、イタリアのセベソ問題などに代表される大きな事件として世界を動かし始め、ダイオキシンという一つの化合物だけで国際シンポジウムが開催されるようになり、その情報も多くなってきました。

私たちの研究グループは、まだ大きな集団ではなく、ＰＣＢ汚染、農薬汚染、重金属汚染等を研究室の重要課題としていました。ダイオキシンの研究は四、五人で細々と行っていました。

そのような時期に、大阪の阪南中央病院三浦先生からベトナム調査の要請《ようせい》が入ってきました。「興味深いので引き受けた方が良い」という上司の判断で、私のグループにプロジェクトへ参加するよう命令が下りました。このとき、降ってわいたように、私の昇格人事の話があり、あれよ、あれよと思う間に一九八八年十月に教授に推薦《すいせん》されました。

私はベトナムに行った年以降、研究室から独立して、一人で一つの分野を支えることになったのです。

そして、ベトナムで衝撃《しょうげき》を受けて帰国し、私は初めてダイオキシン汚染の恐ろしさに正面から立ち向かう決心をしました。その手始めが、先の「川之江事件」だったのでした。「川之江事件」が一応収束《しゅうそく》した後、国もダイオキシン問題に省庁《しょうちょう》を越えて取り組み始めたので、この対策はこれから前進すると判断しました。そこで、私たちのこれから取り組まなければならないことを考えました。それはダイオキシンについて国の基準をつくっていただくこと、その上で恒久的《こうきゅうてき》にダイオキシンの汚染を監視《かんし》できる体制をつくるということでした。

そこで、私たちのグループは、どこかに代表的な場所を決めて、全環境のダイオキシン汚染の実態とその動態を明らかにし、その情報を国民に提供し、ダイオキシンを理解していただこうと決めました。その場所として、私たちが住んでいる松山平野を取り上げました。

松山平野は、東西二〇キロメートル、南北二〇キロメートルで、西は瀬戸内海に面した中程度の平野です。平野の南側が農村地帯で、北部には松山市の市街地が広がっています。西の海岸線には工業団地があり、市街地とは距離があります。南、東、北は山で囲まれ、すそ野は蜜柑《みかん》、柿、梨《なし》など果樹園が広がっています。

このように小さな平野部ですが、何でも一通り揃《そろ》っており、ここでのダイオキシン汚染を明らかにすれば、日本中の参考になると自信を持ちました。五年をかけてどうにか松山平野の現状が分かってきました。ここでの情報は年々学会で発表し、それを講演会やミーティングの場で公表し、ダイオキシン汚染の防止を提言してゆきました。この調査結果の全容はまだ公開していませんので、ここにその概要を記し、何かのお役に立てればと思います。

ダイオキシン問題は日本だけでなく、欧米諸国から発展途上国までその国独特の汚染形態がありそうです。わが国の農地では、世界でもまれに見る高いダイオキシン類を今なお保っています。その他にも、日本独特の問題はゴミ焼却場からのダイオキシン類の排出です。この二つの汚染源が汚染の中心になっている国は日本以外にありません。当然松山平野もその傾向を持った場所です。それではまず汚染源問題から見てみましょう。

【大型ゴミ焼却場《しょうきゃくじょう》の現状】

松山平野は、松山市と伊予《いよ》市、松前《まさき》町、重信《しげのぶ》町、川内《かわうち》町、砥部《とべ》町の二市四町を抱えています。住民の排出する生活雑廃棄物は、松山市の大型焼却炉二施設と伊予市の一施設でまかなっています。一九九六年に全国の都市ゴミ焼却炉を一斉《いっせい》調査し、それぞれの施設がどの程度のダイオキシンを排出しているかを明らかにしました。

その後、ダイオキシン対策特別措《そ》置《ち》法が制定され、二〇〇二年十二月からこの法律で決められたダイオキシン規制が始まります。その規制に向けて、各地方自治体は基準値を守れるように懸命に努力しています。

しかし、この規制にかからない小型の焼却炉は、使用したければ使用できるという中《ちゅう》途半端《とはんぱ》な状況です。学校関係には全面使用を禁止していますが、中小企業、とくに産業廃棄物処理には規制ができず、現在なお半分近くの企業がダイオキシン対策をせずに小型焼却炉を使用しているのが現状です。

松山平野で大型といえる焼却炉は、都市ゴミ焼却炉以外に大病院、大型企業が所有しているものです。加えて、中小企業の所有する産業廃棄物焼却炉です。五〇キログラム／時間以上の焼却能力を持つ炉もこの平野部でのダイオキシン類発生源です。ほとんどの炉が、通常どの程度のダイオキシン類を発生しているのかは不明なのです。

様々な焼却炉から発生するダイオキシン類は、まず、大気に放出されます。

【松山平野の大気中ダイオキシン濃度】

一九九五年から九六年にかけての大気中ダイオキシン類の濃度は、平均〇・一四ピコグラム／立方メートル（ピコ＝一兆分の一）で全国平均の〇・五五ピコグラム／立方メートルより低い濃度です。しかし、汚染源の改善があまり進んでいないために、二〇〇二年になっても平均濃度は低くなっていないのが現状です。

大気に放出されたダイオキシン類は、煙《けむり》の微粒子《びりゅうし》に付着して大気に放出されるという特徴を持っています。一定時間後には、この微粒子は落下して大地、植物の葉、河川水表層、海の表層水に落ちてゆきます。

一九九六年に大気から地表に降ってくるダイオキシン量を一年間測定してみました。

大気から降ってくる形として、雨、雪に付着して落ちるもの、そして大気中微粒子に付着したまま落ちるものがあるので、この二つの落下量を測定しました。測定の結果、松山市に一年間落下する量は、三三〇〇ピコグラム／平方メートルであることが分かりました。日本中で同様の落下量であれば、何と一年間に一・七キログラムのダイオキシンが全国に落ちていることになります。

ベトナムで十年間に散布されたダイオキシン量は一七〇キログラムですから、単純に一年間ではその十分の一とすると、一七キログラムとなり、日本で一年間に降り注いでいるダイオキシン量はベトナムでの十分の一に相当します。概算ですが、かなり多量のダイオキシンです。現実には東京、大阪周辺の工業地帯では松山市の大気濃度より十倍～百倍高い可能性があり、そうなると、ベトナムの散布量に匹敵《ひってき》する量になるかもしれません。

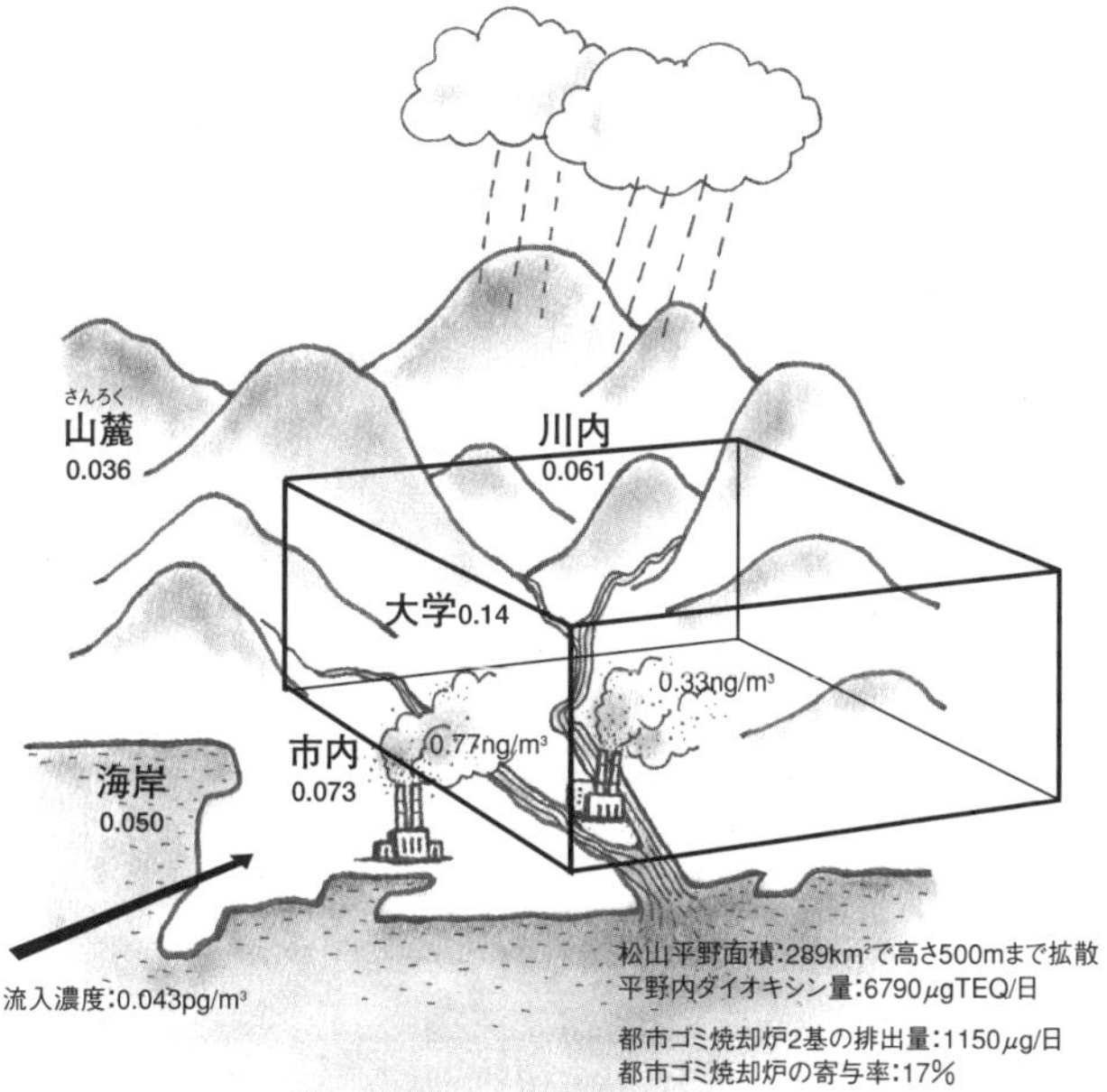

図表3-8　大気中ダイオキシン濃度（pgTEQ/m³）

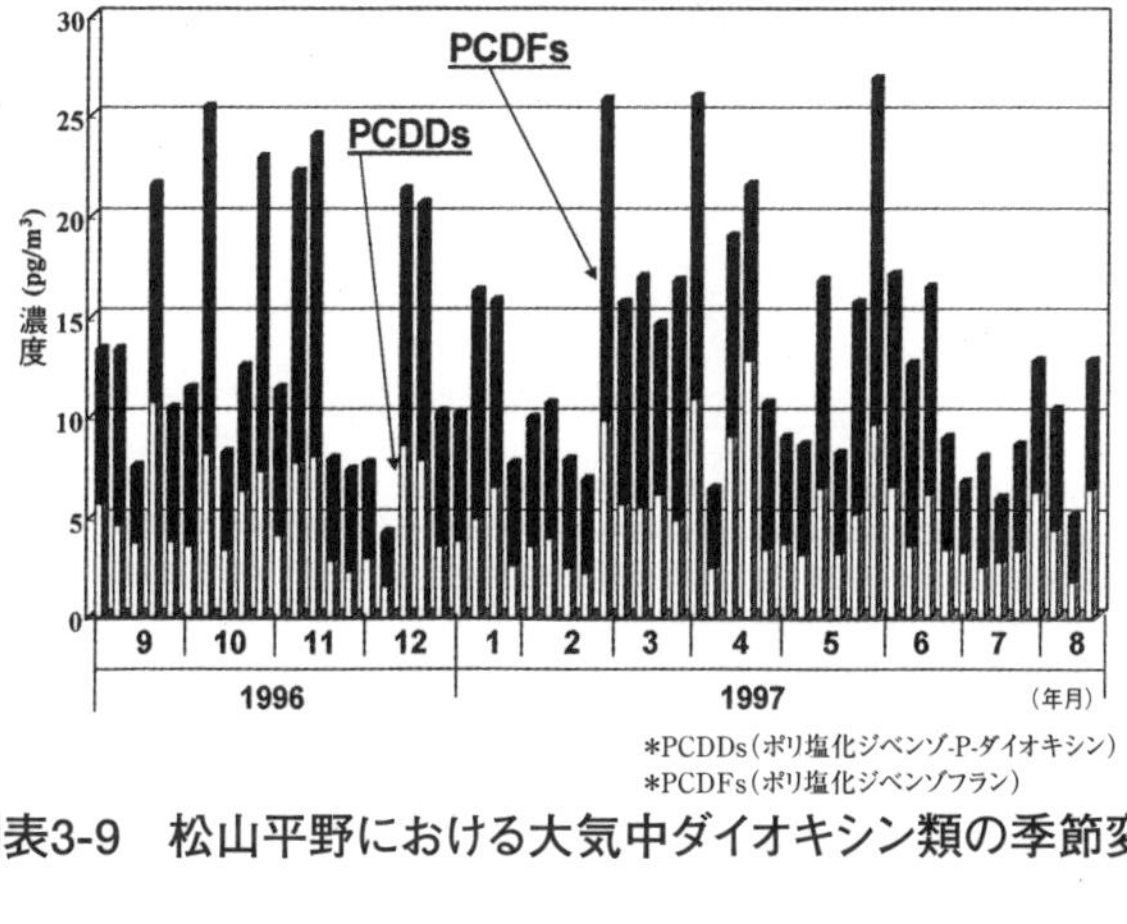

*PCDDs（ポリ塩化ジベンゾ-P-ダイオキシン）
*PCDFs（ポリ塩化ジベンゾフラン）

図表3-9　松山平野における大気中ダイオキシン類の季節変動

【土壌中のダイオキシン類】

松山平野の土壌は、農耕地土壌（水田土壌、畑土壌）、非農耕地土壌（農村部内の非農耕地）、都市土壌（市街地内の土壌）、山間地土壌（周辺部の森林土壌）に分けて調査しました。その概要は、農耕地土壌ではダイオキシンとして二二〇〇〇〜一七〇〇〇〇ピコグラム／乾燥土当たりで、ジベンゾフランでは三三〇〜二二〇〇〇ピコグラム／乾燥土当たりでした。また、TEQという毒性換算値ではこの農耕地は、四・五〜二三〇ピコグラムTEQ／グラムでした。

この二三〇ピコグラムTEQ／グラムという数値はかなり高いダイオキシン濃度です。日本の土壌環境基準（一〇〇〇ピコグラムTEQ／グラム）に比べるとかなり低いことになりますが、注意すべき監視濃度は二五〇ピコグラムTEQ／グラムなので、これに比べると要注意濃度ということになります。（他の土壌については図表3―10参照）

ドイツにおける農場および土壌に対する規制を元に考えると、四〇ピコグラムTEQ／グラム以上の土壌では農業や園芸用としての使用制限がかかる濃度レベルです。松

土壌	試料数	PCDDs (pg/g) ポリ塩化ジベンゾ-P-ダイオキシン	PCDFs (pg/g) ポリ塩化ジベンゾフラン	TEQ (pg/g) (毒性換算値)
山間地	30点	100-10,000 (1,500)	16-4,800 (470)	0.5-20 (4.2)
都市	29点	22-3,200 (470)	24-490 (100)	0.1-12 (2.2)
水田	36点	1,800-170,000 (28,000)	240-22,000 (1,500)	2.0-198 (24)

図表3-10　松山平野の各種土壌中ダイオキシン濃度

オランダ	ドイツ
乳牛放牧場　：10ng TEQ/kg	野菜の洗浄 牧草利用の制限 } 5〜40ng TEQ/kg
底泥　：100ng TEQ/kg	発生源対策実施　：40ng TEQ/kg以上
住宅地 農業地 } 1000ng TEQ/kg	保護、浄化対策　：100ng TEQ/kg以上 土壌の入れ替え　：1000ng TEQ/kg以上

図表3-11　外国の土壌中ダイオキシン濃度に関する基準（ガイドライン値）

山市に限らず、日本の水田土壌はその意味では十分な配慮が必要なところがかなりあることを示しています。

【河川《かせん》水中のダイオキシン類について】

松山平野は、重信川水系と石手川水系を中心に広がっています。そこで、この河川を中心にその支流を含めて十三地点を調査しました。調査地点は図表3―12に示されていますが、二河川の上流域の水は大変きれいで、ダイオキシン類はほとんど検出されませんでした。ダイオキシン類は、この河川の中流域、団地が周辺に広がる地域になって、急激に増加します。

しかし、ダイオキシン類の組成は、水田土壌に含まれているもので、農業用水路を経由して河川に流入してきたものと推定しています。濃度は、検出できないレベルから、一四〇〇ピコグラム／リットルまでのレベルでした。

この現象は、灌漑《かんがい》するときに水田土壌が農業用水路に流れ出ることに原因があると考えられます。この河川水はさらに下流域の沿岸海域に流入し、海の魚介類の生育の場を

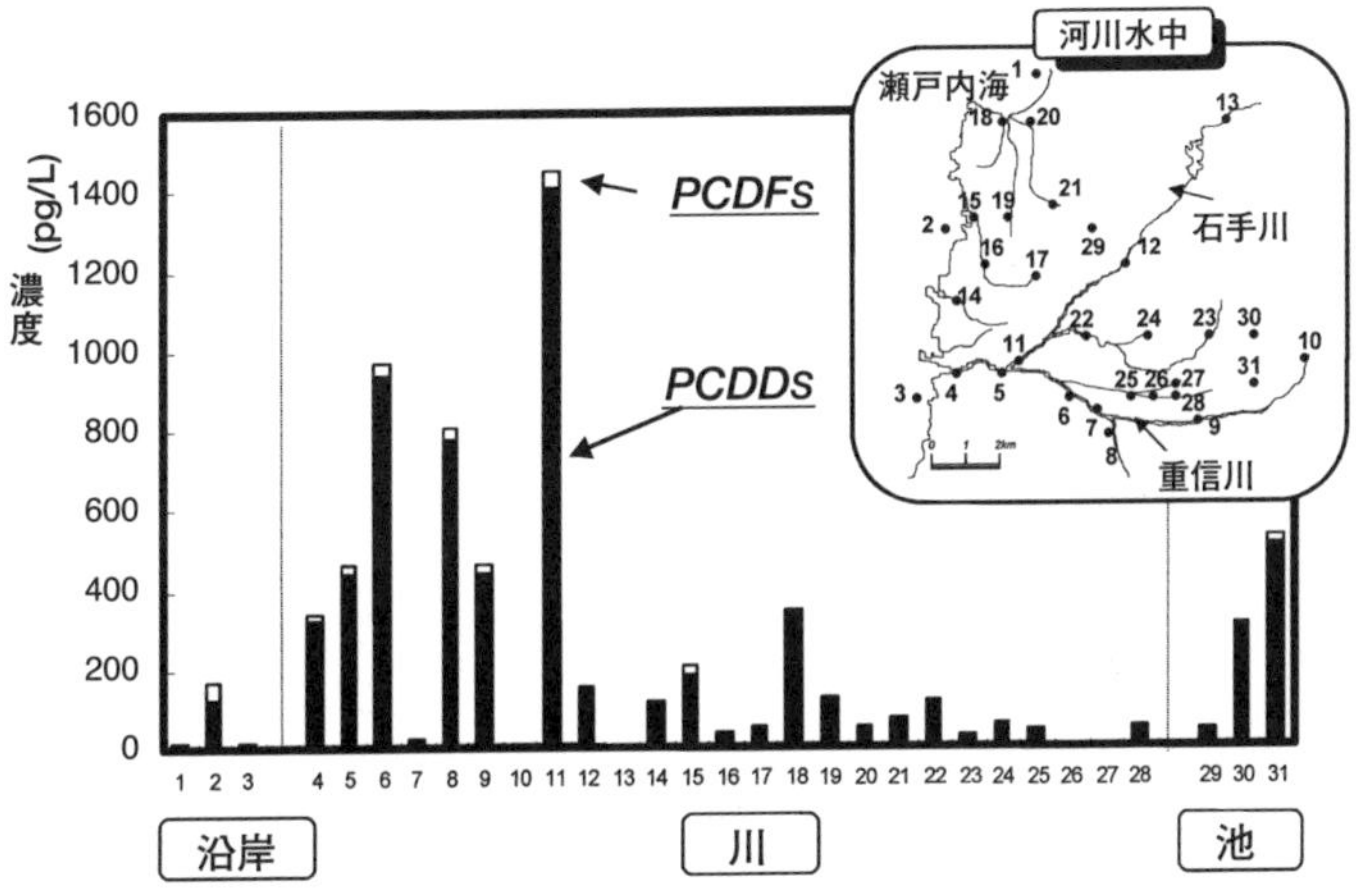

図表3-12 松山平野における河川水中のダイオキシン類

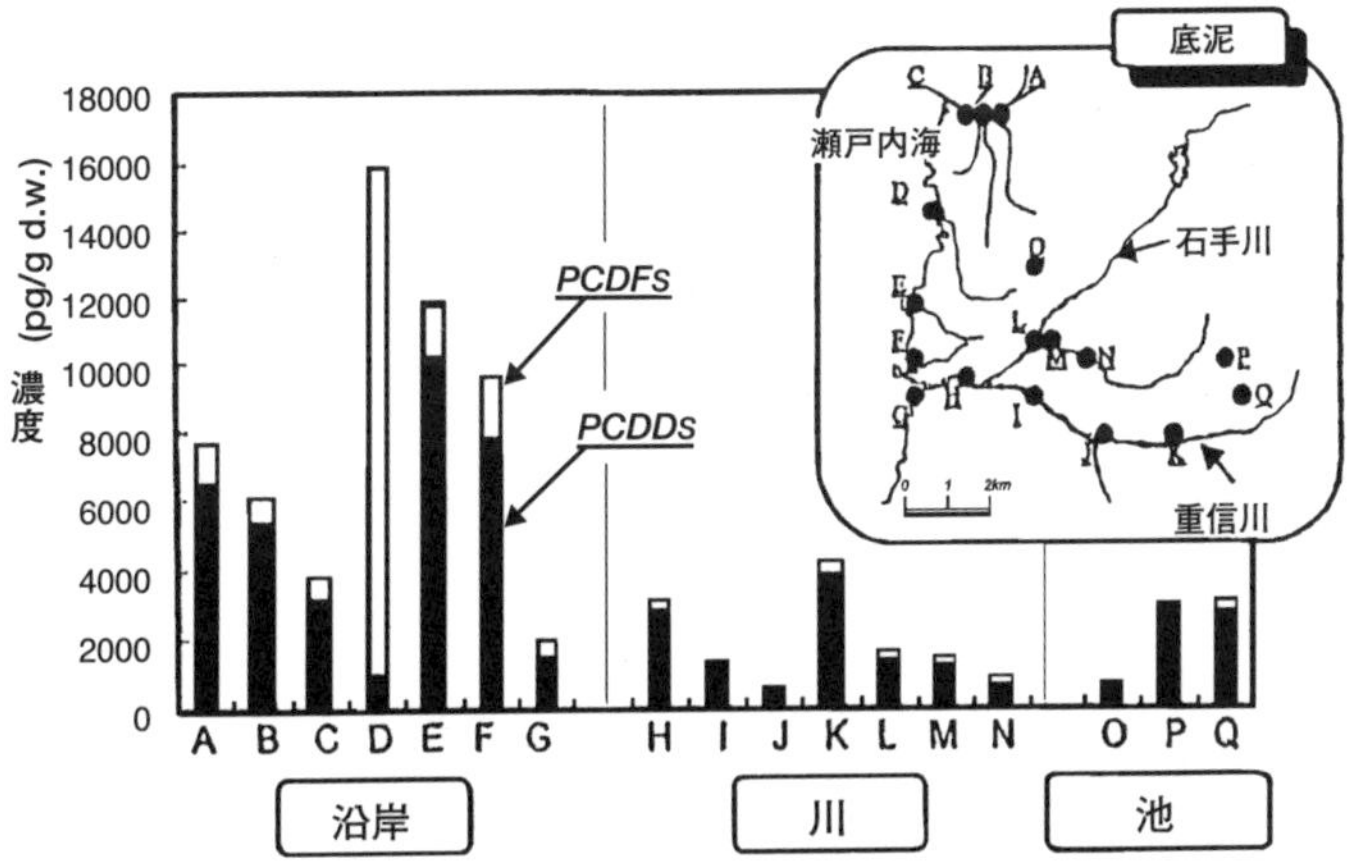

*PCDDs(ポリ塩化ジベンゾ-P-ダイオキシン)
*PCDFs(ポリ塩化ジベンゾフラン)

図表3-13 松山平野における河川、池、沿岸海域中のダイオキシン類

汚染し、魚種の減少、汚染魚問題等を引き起こすと推察されます。（図表3―13参照）

【松山平野内における小型焼却炉残灰中《ざんぱいちゅう》のダイオキシン類】

国は対策として主に大型炉での焼却を考えています。そこで、私たちは国の規制を受けない小型焼却炉の実態を知りたいと考え、調査を行いました。

小型焼却炉には、家庭用のものから、中小企業の産業廃棄物焼却炉までが含まれます。ここでは当面サイズを気にせず、手当たり次第に炉を見つけ、焼却残灰を採取して回りました。その結果、すべての焼却炉からダイオキシン類が検出されました。

本来は、排煙《はいえん》の調査が重要なのですが、小型の焼却炉は煙の採取が困難で、とても私たちの技術ではできませんでした。涙をのんで松山平野内で十二カ所の炉から灰だけを集めました。炉の使用者は、学校（四カ所）、商店（二カ所）、事業所（二カ所）、その他（四カ所）の計十二カ所です。毒性換算値で表すと、一ピコグラムＴＥＱ／グラム～三四〇ピコグラムＴＥＱ／グラムとなり、高い毒性を示す小型焼却炉が存在することを示しています。

場所	PCDDs (TEQ,pg/g)	PCDFs (TEQ,pg/g)	Total TEQ (pg/g)	焼却したゴミの種類
学校	6,900(30.1)	1,900(14.4)	44.5	プラスチック類、紙類
学校	12,000(71.5)	5,600(120.0)	191.5	同上
事務所	180(ND)	ND(ND)	ND	主として廃材
商店	630(12.5)	1,200(19.4)	31.9	主としてプラスチック類
商店	2,100(24.5)	1,700(30.0)	54.5	プラスチック類,紙類、生活雑廃
学校	2,200(ND)	460(ND)	ND	主として紙類
観光地	6,800(ND)	5,900(29.2)	29.2	生活雑廃
観光地	7,800(ND)	5,700(49.6)	49.6	生活雑廃
公的施設	14,000(5.7)	27,000(337.9)	343.6	生活雑廃
事業所	710(ND)	ND(ND)	ND	主として紙類
学校	18,000(77.2)	12,000(185.8)	263.0	プラスチック類,紙類
個人住宅	ND(ND)	630(ND)	ND	主として紙類
平均濃度	5,900(18.4)	5,200(65.5)	83.9	
都市ゴミ焼却場	2,800(11.8)	1,600(9.7)	21.5	都市ゴミ焼却場の残灰
(小型焼却炉)	420,000(12180)	140,000(2134.9)	14,314.9	同上都市ゴミ焼却場の残灰

*PCDDs(ポリ塩化ジベンゾ-P-ダイオキシン)
*PCDFs(ポリ塩化ジベンゾフラン)
*ND=NONE DETECTED:検出限界以下

図表3-14 松山平野内の小型焼却炉残灰中ダイオキシン類
(試料採取は平成4-5年)

【ダイオキシン類の環境動態《どうたい》】

松山平野の土壌、河川、海域、大気、水棲生物を調査し、それを元にダイオキシン類の環境動態、つまり、環境をどのように移動していくかを推定してみました。推定図は、左頁の図表3―15に示しています。

ダイオキシン類の発生源には、燃焼系ではわが国共通の農薬除草剤由来《ゆらい》の水田土壌汚染と都市部周辺の大型焼却炉や家庭用の焼却炉、そして、本書であまり詳細には書きませんでしたが、塩素系漂白剤《ひょうはくざい》・カルキによる独特のダイオキシン汚染があります。この汚染源は、不特定多数が存在し、しかも、どの汚染源がどの程度の量を放出しているかは、ほとんど分かりません。すべてを調査することは不可能ですから、やっかいな汚染源です。

まず、現在最大の汚染源である燃焼系のダイオキシン類は、煙の微粒子《びりゅうし》に付着して大部分、煙として大気に放出されます。しかし、そう長くは大気に止まらず、間もなく微粒子と一緒に地上に落下してきます。大部分は表層土に落ちますが、植物の葉に吸着し、

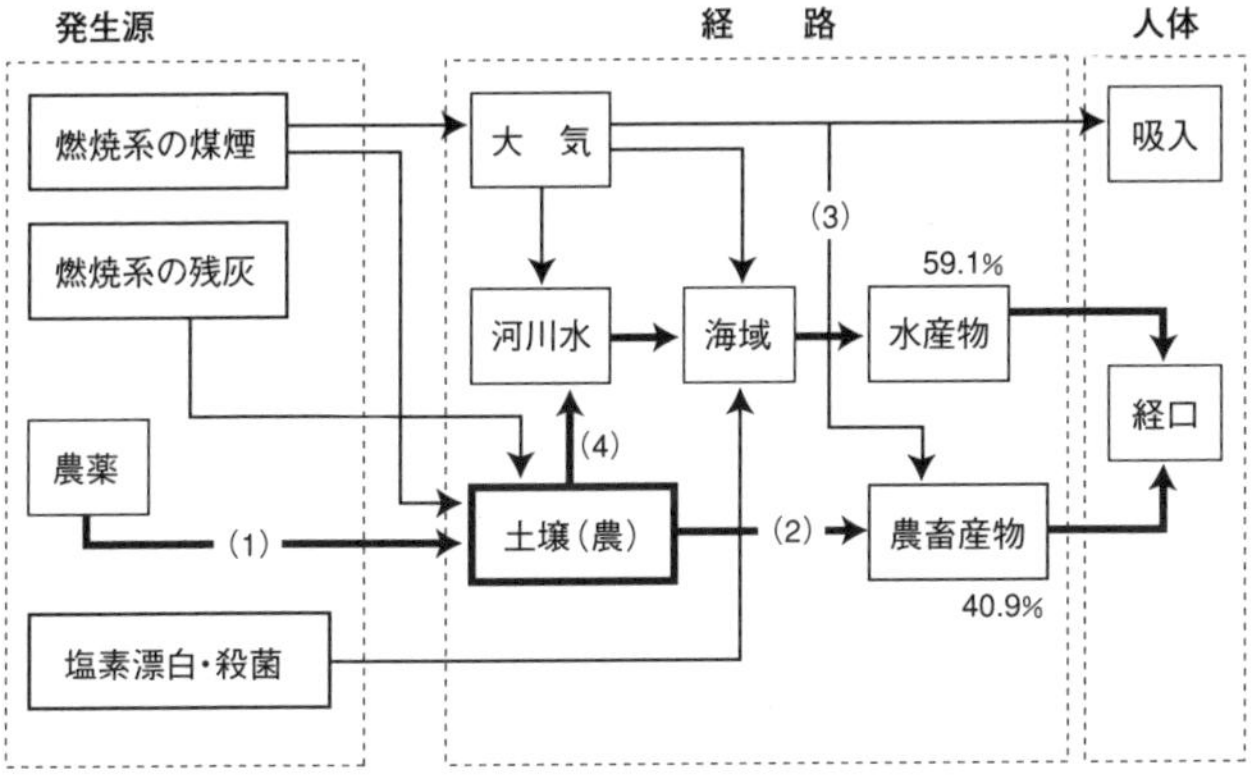

図表3-15　松山平野におけるダイオキシン類の環境動態

葉が枯れて落ち葉になると、葉とともにダイオキシン類は土壌に吸着されてゆきます。

土壌にしっかり吸着されたダイオキシン類は、下層への移動はほとんどないといわれています。例えば、水田に散布された除草剤でかなり高濃度になっていても、表層から二五センチメートル、つまり、鍬床《くわどこ》と呼ばれる鍬で掻《か》き混ぜられる範囲にのみダイオキシン類が検出され、それ以下には地下浸透はしないようです。

また、この土壌に吸着されたダイオキシン類は、そこで、栽培される植物には吸収されないことが知られており、水田がダイオキシンで汚染されていてもあまり深刻にならないのは、この現象が分かっているからです。

しかし、植物の種類によってはかなり吸収するものも知られるようになり、現在私たちの研究室で調査中です。

土壌汚染は、一見ないように見えますが、実は水田作業時に土壌が農業用水路を経由して、河川へ、そして、沿岸海域に流入するという問題があります。

松山平野の沿岸海域で採取した沿岸魚には何と水田土壌中のダイオキシン類と同じ成分が検出されました。大阪湾、児島《こじま》湾といった工業地帯の魚から燃焼系のダイオキシン類が検出されるのですが、一般の瀬戸内海沿岸の魚介類からは水田土壌型のダイオキシン類が検出されたのです。

この流れに沿って、次第にダイオキシン類は人間に向かって流れてきます。現在日本の食品経由で体内に取り込むダイオキシン類は、毒性換算で、一・四五ピコグラムTEQ／キログラム／日と測定されています。今年松山で陰膳《かげぜん》方式でダイオキシン類の摂取量は、平均一・八ピコグラムTEQ／キログラム／日でした。しかし、魚を多く食べると一日耐容摂取量の四ピコグラムTEQ／キログラム／日を超えることになります。

このようにダイオキシンの流れを辿《たど》れば、その流れを止めるためには、一軒一軒の家庭が立ち上がることが不可欠であることはもう明らかです。

本書の目的である「国民一人ひとりが変わらなければ流れを止めることはできない」ということです。

「ダイオキシン問題はどこかの誰かの問題ではなく、私たち一人ひとりの問題である」ということを確信しています。

第四章

提言——二十一世紀人間環境宣言

有害化学物質による
環境汚染の研究が教えてくれたもの

人間環境宣言という言葉は、一九七二年六月に環境問題に関する宣言文として初めて世界に発信された「人間環境宣言」を指します。しかし、このような「条文の宣言」は、どんなに素晴らしいものであっても、なかなか人々には浸透せず、実際に生きることに結ばれないことを、この三十年間の人類の歴史が証明してしまいました。

だからこそ、「二十一世紀人間環境宣言」は、条文を新しくするだけでなく、パラダイムの変革を伴った新しい価値観を孕《はら》んだものである必要を感じるのです。私たち一人ひとりが心底、「私は自ら反省して、人間と環境を本気で守り、調和させる努力をします」と決意表明をすることが大切ではないかと考えます。つまり、「私が変わります」

と宣言することこそ、「人間環境宣言」を成就《じょうじゅ》させることだと思うのです。

これまでの私たちが暗黙の前提として信じている人間観、人生観、世界観をそのまま後生大事《ごしょうだいじ》に抱いていると、これまでの人類の歴史と同じ結果を生んでしまうことは火を見るよりも明らかでしょう。

私は、有害化学物質による環境汚染の研究に取り組む過程で、次第《しだい》にこのまま汚染の告発をし続けても何も変わらないことに気づき始めました。その悔《く》いも込めて、その過程を改めてまとめたいと思います。

＊

私が環境問題に関心を抱くきっかけとなったのはレイチェル・カーソン女史の『沈黙の春』（原題『Silent Spring』一九六二年）との出会いでした。『沈黙の春』は私の上司が米国留学時代に入手した一冊の本でした。

上司は、帰国後、愛媛大学に着任した際、これからどのようなテーマで研究を始めるかについて考えていました。研究対象にできる公害問題はいくらでもあるが、地方の大学で取り組めるテーマはこの農薬汚染だということをレイチェル・カーソン女史の著作で印象づけられたのでした。

加えて、わが国の農薬使用情報として、県単位に農薬ごとの詳細な使用量、使用面積、使用作物の統計が公表されていました。諸外国を見ても、これほど詳細に統計が公表されている国は多くはありませんでした。私たちはこのデータを基に農薬による自然環境汚染の実態解明に取り組み始めました。

わが国ではまだ誰も取り組んでいなかった課題だっただけに、新事実が発見されればされるほど面白くなり、好奇心も加わって私たちは環境問題研究に傾いてゆきました。いつしか最先端の仕事をしていることに誇《ほこ》りと自負《じふ》を抱くようになった私たちは、「私たちが研究をするから、その情報で行政は対策をしてほしい」という意識で学会、マスコミに発表していました。社会に対し「私たち科学者が環境を改善してみせる」という傲慢《ごうまん》な態度をとっていたのではないかと思います。

私たちが取り組んだ課題は、殺虫剤DDT（ジクロロジフェニルトリクロロエタン）と殺虫剤BHC（現在はHCHと呼ばれる）による水田、果樹園を汚染源《おせんげん》とする自然環境の汚染解明でした。ところが、次第に環境試料《しりょう》中にDDT、BHCの分析を妨害《ぼうがい》する多成分の化学物質に遭遇《そうぐう》するようになってゆきました。それは、ポリ塩化ビフェニール（ＰＣＢ）です。ＰＣＢは、農薬ではありませんが、ＤＤＴ、ＢＨＣと同質の人工有機塩素化合物で、二十世紀に工業材料として開発された特筆すべき化学物質です。電気絶《ぜつ》縁《えん》性《せい》が高く、熱伝導性《でんどうせい》がよく、揮発性《きはっせい》が小さく、様々な有機化合物との相溶性《そうようせい》があり、多種の粘度《ねんど》の異なる製品をつくることが可能で、極《きわ》めて利用度の高い工業材料でした。ですから、様々な分野に使用され、それが汚染源となって自然界に放出され始めていたのです。

ＰＣＢは、毒性が強く、当時、カネミ油症事件として大きな社会問題になりました。ＤＤＴ、ＢＨＣ問題が社会的に取り上げられ始めたと思ったら、次はＰＣＢが汚染物質として現れてきたのです。特にＰＣＢ問題は人身事故を引き起こしていたので、国は深刻に受けとめ、国をあげての取り組みにまで発展していきました。異例の速さで、国の有害化学物質に指定され、一九七二年には早々と使用禁止、製造禁止の処置がとられ、これでＤＤＴ、ＢＨＣ、ＰＣＢ問題は解決したと思いました。

そうした中で、一九七二年頃から、ベトナムでダイオキシン汚染が深刻になっているという情報が届いてきました。このダイオキシンとは、農薬除草剤の2、4、5−TやPCPの中に不純物として含まれている有機塩素化合物です。DDTやPCBと同質の人工化学物質でした。毒性が強く、何の取り柄《え》もない化学物質で、使用目的があってつくられたものではなかったので、ダイオキシンを含むことが明らかになっている除草剤《じょそうざい》の使用を禁止すれば問題はないと、その当時は簡単に思っていました。

ところが、一九七八年、オランダの科学者オーリ博士が、都市ゴミ焼却場《しょうきゃくじょう》の灰の中からダイオキシンを発見したと科学雑誌に発表しました。除草剤など撒《ま》かない焼却炉の灰からダイオキシンが検出されたということは、それが焼却炉の中でできたということを示しているわけですから、これは重大な発見でした。農薬なら使用禁止、製造禁止によって環境に放出されることを防止できるのですが、焼却炉で有害な化学物質ができるということはすべての焼却施設が汚染源になるということで、これは簡単に解決できなくなります。このことをきっかけに世界中で研究が始まりました。

私たちも研究を開始し、ダイオキシンの合成から始めました。一九八三年、分析法を完成した私たちは西日本十三カ所の都市ゴミ焼却炉の灰を入手し、分析。その結果、すべての焼却炉からダイオキシンが検出されました。

これを契機《けいき》に、研究室をあげてダイオキシンの環境汚染研究を開始しました。その結果、その汚染は予想以上に広く、汚染源の特定も簡単ではないことが分かってきました。

その頃のことでした。ベトナムのダイオキシン調査に参加してほしいという要請《ようせい》が入ってきたのです。要請は阪南中央病院のベトナム調査団からで、「ベトナム・米国戦争のとき、米国によって戦略的に散布《さんぷ》された枯《か》れ葉剤《はざい》によるベトナム環境のダイオキシン汚染調査」でした。

ベトナム・米国戦争は、一九六〇年から一九七二年まで続きました。一九七二年以降、ベトナムは共産圏になり、資本主義国との国交を断絶してしまいました。しかし、戦時中に散布された枯れ葉剤に含まれるダイオキシンは、ベトナム人の体内に蓄積し、次第に毒性が現れ始めていたのです。一九八八年に至っては、南ベトナム地方の奇形児出生率は三〇％に達したといいます。ちなみに、奇形児の自然発生率は一般に〇・一％程度といわれています。ところが南ベトナムでは、三人に一人が奇形児だというのです。

ついに、ベトナムの医師団は途方《とほう》に暮れ、国交のない日本の医療関係者（大阪府立阪南中央病院）に非公式に救援の依頼をしてきたのでした。一九八八年の暮れに、阪南中央病院の「ベトナム調査団」は自費でベトナムに向かいました。現状を見た調査団は、これは今なおダイオキシン汚染が続いていると判断し、帰国後、直《ただ》ちに私たちのところにベトナムの環境とダイオキシンの調査を依頼してきました。私たちもダイオキシンの研究を始めてから十年の経験を持っており、興味もありましたので気軽に引き受けたのです。

ところが、このベトナム調査が、私にとって科学者としての方向を決める大転換の出来事になりました。私のダイオキシン汚染への意識を急変させたのです。もし、私がこのベトナム調査に参加していなければ、ダイオキシン汚染を本当に解決したいという強い思いは起こらなかったと思います。

この過程で、環境汚染の研究が私に教えてくれたことがあります。その幾《いく》つかを列記したいと思います。

●研究に本当に取り組むということは、痛みのあるところに出向いてこそ始まるのだと知りました。ダイオキシン汚染の研究は一九七九年頃から始めていたのですが、真剣に取り組み始めたのはベトナムで汚染の被害を直視してからです。それまでは、形だけの研究であったように思います。事態を吸い込む、とでもいうのでしょうか。私の感情が同時に反応して、初めて、問題への激しい闘志《とうし》が立ち上がりました。

●しかし、闘志がいくら強くても、その動機が研究者、科学者としての名誉や欲、プライド等であるなら、それは環境問題の真の解決には向かいません。私は、「川之江事件」でそのことが骨身《ほねみ》に染《し》みました。科学者である前に、「一人の人間として」問題に立ち向かうことの大切さを知ることになりました。

●そして、これら様々な事件、出来事は私たちへの呼びかけ、警告であると受けとめること。その原因に自分（因《いん》）が関わっており、事件や出来事を繰《く》り返さないためには、まず、自分から変わることがいかに大切であるかを知りました。他を変えようとするのでなく、自分の中のパラダイム転換をはかること。「私が変わります」こそ問題解決への鍵《かぎ》であることを確信しました。

「私が変わります」が地球を守る

今、私たちにとって何が一番必要なのか、もうお分かりのことと思います。そうです。何よりも私たち一人ひとりが「私が変わります」宣言をし、現実に新しいパラダイムで生きることなのです。

それは、「新しい環境観や、価値観や人生観を宣言することではない。また、自分の中にある二十世紀までの環境に対する考え方、価値観、人間観、自然観を温存《おんぞん》していては、これまでの三十年間と同じ道を歩み続けなければならない。だから私は何としても変わる。そうしなければ、地球環境の悪化を止める手立てはない」と、敢然《かんぜん》と立ち上がることだと思います。

「私が変わります」と高らかに宣言し、他人《ひと》を変えるのではなく、私が変わる。一人ひとりがそう宣言をしたとき、はじめて果報《かほう》（結果）が変わり始めると私は確信しています。

私たちが今までの「人生はこの世限り」、あるいは「人生は快の追求の場」といった誤ったパラダイムから離れると、何をしなければならないかが見えてきます。取り組むべきことは、すでに一九七二年の「人間環境宣言」で確認され、一九九二年の「リオ宣言」で具体的に示されています。「私が変わります」と宣言した私たちが、それぞれの立場で、行政の力、企業の力、市民の力を出し合い、総力を結集し、環境問題の解決に立ち向かうこと。そのとき、環境問題の根本からの解決、改善がなし遂《と》げられると信じています。

一人ひとりの「私が変わります」という宣言こそ、「二十一世紀人間環境宣言」であり、人間と環境の関係を、新しい原則と新しいシステムでつくり直し、地球と人間が共生共存《きょうせいきょうぞん》できる道をつけてゆけると考えます。では、「私が変わります」とはどういうことでしょうか。

このことについて、高橋佳子先生の著書から引用させていただくことにします。

「『私が変わります』は、行き詰《づ》まった事態の道を開くものです。長年の問題を解決し、新たな事態を創造できるものです。

『私が変わります』は、傷ついた心を癒《いや》し、歪《ひず》んだ事態に癒《いや》しをもたらすものです。

『私が変わります』は、捩《ねじ》れてしまった関わりを結び直すことができるものです。さらに、失われてしまった世界との信頼、大いなる存在との絆の再結《さいけつ》を起こすものです。

そして、『私が変わります』は、何よりも心の深化《しんか》、魂の深化を導きます。

『私が変わります』宣言を生きることによって、私たちは誰もが新しい人間として誕生することができるということなのです。『私が変わります』とはそれほどの現実を導くのです」（『新しい力』七十三〜四頁より）と述べられているのです。

では、なぜ私たちは変わらなかったのでしょうか。その原因は、本当に「変わらなければならないとは感じていなかった」か、あるいは「感じていても行動に移すことができなかった」ということにあります。それは、「受発色《じゅはっしき》」という言葉で捉《とら》えることができると高橋先生はおっしゃっています。

「……『変わらなければならないとは感じていなかった』とは、心の感じ方、受けとめ方の問題です。つまり、心の『受信』のはたらきとしての『受《じゅ》』の問題。美しい風景を見て『ああ、きれいだな』と感じたり、交通事故や国際紛争《ふんそう》のニュースを見て『何と痛ましいことか』と受けとめる受信＝『受』です。まずこの受信に問題があったということです。

次に『変わらなければならないと感じていても、行動に移すことができなかった』とは、発言や行動の問題です。すなわち、発信のはたらきとしての『発《はつ》』の問題。『発』とは外世界に対して、『この景色を記録に残しておきたい』と思い、例えば実際にカメラに収める、また『辛《つら》い想いをしている人々を慰《なぐさ》めたい』と考え、ボランティア活動を始める、そうした言動を具体的に発してゆく『発信』です。第二にこの発信のはたらきに何か問題があったということです。

そして受発色の『色《しき》』とは、仏教において現実、現象《げんしょう》のことを表す言葉で、それら受信・発信によって現れる現実、現象のことです。受信・発信が歪んでいれば現実も大きく歪んでしまうということです。

私たち人間は、相対《あいたい》する世界の事象を『受』――感じ受けとめ、『発』――思い考え、言動として表すことによって、新たな『色』――現実をつくり出す。そしてまたその新たな現実を『受』＝感じ受けとめ、『発』＝思い考え、語り行動し、さらに新たな『色』＝現実を生み出す……。受発色、受発色、受発色……というように繰《く》り返し、私たちは内側の世界と外側の世界をつないでゆきます。

逆に言えば、この受発色のはたらき以外、人間は何もしていないと言っても過言《かごん》ではないのです。人間が関わるあらゆる現実は、この受発色のトライアングル（三角形）によるものです。世界を感受《かんじゅ》し、自分の発想を基として、言葉を発し行動を起こし、一切の現実を生み出している――。その受信・発信が歪みを抱えていれば現実も歪まざるを得ません」

（高橋佳子著、『新しい力』八十六～九頁より）

もうお分かりでしょう。私が変わるとは、私の「受発色」を変えるということだったのです。これまでの自分中心の受発色を止め、新しい受発色で一日一日を生きるライフスタイルを実践してゆくことによって、地球と人類が共生共存できる新しい「果報」を生み出し続けなければならないと思います。

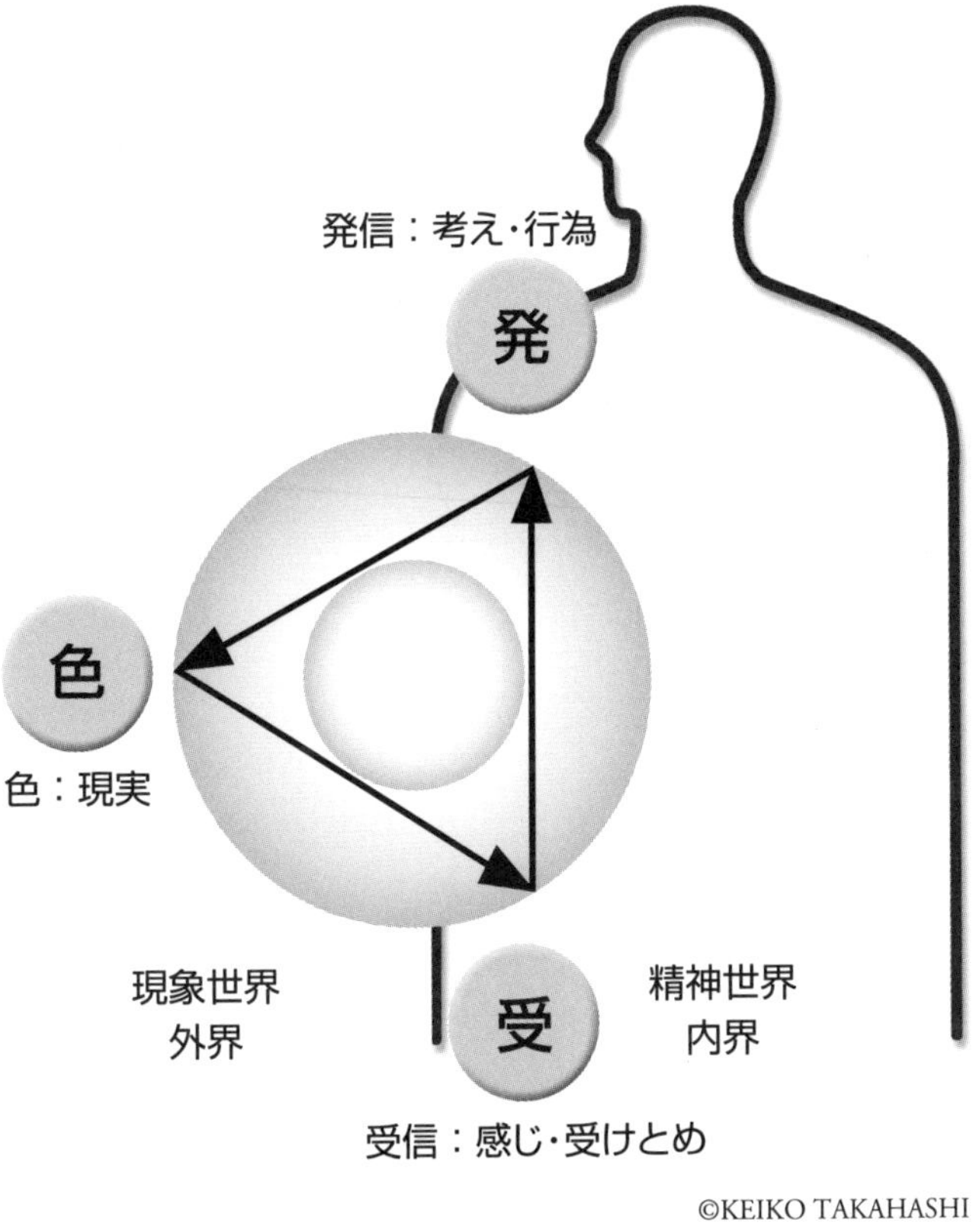

図表4-1　受発色のトライアングルが一切の現実をつくり出す

提言

——二十一世紀人間環境宣言

【一人ひとりの「二十一世紀人間環境宣言」として】

私は、これまでの長年にわたるフィールドワークを通じ、また、この本の中で取り上げたように、「一人の人間として」の原点を回復させていただいた歩みの中で、「二十一世紀人間環境宣言」は、大所高所から示されるものではなく、この地球という環境に根ざして生きているすべての人々、あらゆる生命と同じ地平に立って発されるものでなければならないと思うようになりました。

そしてできるならば、現在という時空《じくう》を共有するすべての人々が、一人ひとりの二十一世紀の「人間環境宣言」をそれぞれの想いを託《たく》して表明していただきたいと思うに至りました。

ですから、ここに掲げさせていただく提言は、同時代に生きる一人から発信された最初の「二十一世紀人間環境宣言」であると思っていただきたいのです。

この宣言は完結完成したものではありません。私のささやかながら切なる志を受け取って下さった方々の新たな志を待っているものです。その方々お一人お一人のかけがえのない「宣言」の連鎖《れんさ》によって、一歩一歩完成に近づいてゆくものであると信じています。

【二十一世紀人間環境宣言】

序言

人間を含めたあらゆる生命と地球環境の未来のために、私は一人ひとりにとっての「人間環境宣言」とも言うべき本宣言を自らの切なる志とともに提案します。そして、この宣言を、現在と未来を生きるすべての人々、特に二十一世紀の担《にな》い手となる青年たちに委《ゆだ》ねたいと思います。

この宣言を生きようとする人は、まず何よりも「一人の人間として」という原点に立ち還らなければなりません。すなわち、

科学者は科学者である前に一人の人間として
教育者は教育者である前に一人の人間として
医療者は医療者である前に一人の人間として
経営者は経営者である前に一人の人間として

政治家は政治家である前に一人の人間として
技術者は技術者である前に一人の人間として
農業者は農業者である前に一人の人間として
ジャーナリストはジャーナリストである前に一人の人間として
世界と未来に向かい合わなければなりません。

なぜなら、あらゆる人々が、それぞれが抱えている立場や先入観を超えて「一人の人間として」という原点に立つとき、私たちははじめて人間と地球生命の真実に直結して、解決すべき問題と向かい合う同志となることができるからです。

私自身、科学者の立場と利害を抱えながら「一人の人間として」という原点に立ったとき、研究の対象であった問題は、自らが生み出した痛みある現実に変貌《へんぼう》しました。自らの深い痛みなしに問題を語り、指摘することはできなくなりました。何よりもあらゆる生命存在への痛みを通じての連帯──立場やはたらき、年齢、性別、国籍を超えた多くの方々との絆《きずな》を基とした、真の響《ひび》き合いと協力が可能になりました。

その時はじめて、専門的な知識は知識であることを超えて、解決のための力を人々に与え、専門的な技術は技術であることを超えて、解決のための道を人々に示すのです。

ですから、私はあらん限りの力を振り絞《しぼ》って叫ばずにはいられません。「さあ一緒《いっしょ》に『一人の人間として』という原点に還ろうではありませんか。今こそ人間としての原点から、人間と地球環境の新しい関係を創《つく》り出すときが来ているのです」と。

宣言本文

一、人間と地球環境は互いに分かち難《がた》く一つに結びついている。それ故《ゆえ》に、地球環境を単純に対象化することはできない。人間は地球環境であり、地球環境は人間自身であって、環境を汚すことは人間を汚すことと同義である。さらに言えば、人間はあらゆる他の生命と同様に、地球生命の一部である。従って、私たちは人間だけを特別視し優遇した、いかなる環境観も認めることはできない。

二、私たちの外側に存在している現実は、私たちの精神世界と一つにつながっている。

地球環境の現実は、人間の精神の反映にほかならない。つまり、現在の地球環境破壊の現実は、私たちの意識が快適な生活を変えようとせず、大気、森林、河川、湖沼、海など、自然の側だけを変え、コントロールして搾取《さくしゅ》してきた結果である。自分、自地域、自国、人間の利益を優先し、その歪《ひず》みを他人、他地域、他国、自然に押しつけてきた結果である。それはすなわち、「相手を変える」「世界を変える」という「私は変わりません」の原則に基づく現実にほかならない。

三、地球環境の未来のために、徹底して外ばかりを変えようとする「私は変わりません」という原則の変革が不可欠である。すなわち、その原則を生み出す人間の精神世界——心のはたらきでもある受信と発信による受発色のトライアングルを根本的に変革したとき、そこから生まれる現実は一変してしまう。地球環境の回復を導く人間の受発色《じゅはっしき》の変革の原則とは「私が変わります」である。

四、「私が変わります」宣言は、一人ひとりから始まる。いかに広大な地球環境の問題でも、一人ひとりの「私が変わります」宣言が積み重なり、意識とライフスタイルの変革の連鎖となって解決されるものである。故に、「私が変わります」宣言こそが二十一世紀の「人間環境宣言」となる。

五、前記を基に、ここに五つの新しい原則を掲げる。

(一)人間環境観

私たち人間は、これまで地球を「資源」と捉《とら》え、人間のための「搾取の対象」と考えてきたが、決してそうではない。人間自身、この地球環境によって創《つく》られ、地球環境を構成する一因子《いちいんし》であり、密接不可分《ふかぶん》の関係にある。故に人間は、地球環境と相互に響き合い、働き合って共生共存《きょうせいきょうぞん》する関係であると捉える。

(二)資源観

人間は地球と響き合い共生共存する存在として、相互にエネルギーの交流を図る関わり合いを大切にする。地球資源はそのための介在《かいざい》であり、資源を活用し、人間の活動が活性化することによって、地球の生命力も一層豊かになるような関わりを目指す。当然のことながら、生態系に異常をきたすような資源の利用は断じて慎《つつし》まなければならず、とりわけ化石資源は、地球全体の調和が保たれる範囲《はんい》で大切にする。

㈢環境保全《ほぜん》観

地球環境の破壊という現象は、人類にとって単に困った現象ではなく、人類のこれまでの文明の歪みを根本から建て直し、「私が変わります」を生き続けることによって、新しい文化・文明を創造するようにという、生きとし生けるもの一切からの切実な「呼びかけ」と捉える。

㈣環境科学者観

環境科学者は、環境の異変《いへん》を人類に伝える単なるメッセンジャーではなく、徹頭徹尾《てっとうてつび》「科学者である前に、一人の人間として」生き続ける。地球環境に異変が起こった場合、その自然や地球からの「呼びかけ」を迅速《じんそく》に受けとめて、地球のいのちを守るために、痛みある現実の切実さを人々に訴え、絆を基とした連帯によって行動する者でなければならない。

(五)廃棄物《はいきぶつ》観

人間は地球と共生共存し、地球生態系を構成する一因子であるがゆえに、人間の活動によって廃棄されるものも、当然のことながら、地球の循環のリズムに自然に組み込まれるものでなければならない。従って、「廃棄物＝不要物」ではなく、「廃棄物＝資源」であり、廃棄物処理とは、もともと地球の一部であったものを、地球へ適切にお返しするための処置であると捉える必要がある。

第四章　提言――二十一世紀人間環境宣言

「私が変わります」宣言をしたならば、では、どう変わるのか――。現在抱えている古いパラダイムを新しいパラダイムに書き換える必要があります。「人間環境宣言」（1972年）が発信されるまでの価値観とそれ以後の環境に関する価値観は大きく異なると思います。試案ながら、それをまとめてみました。

20世紀のパラダイム	項目	21世紀のパラダイム
・地球は人間のために利用される資源	人間環境観	・人間と環境は一体 ・人間と環境は相互に影響
・地球資源は無限である ・地球資源の私有化	資源観	・地球資源は有限である ・地球資源は人類の共有物
・経済活動を阻害しない範囲での環境保全 ・経済と環境と人間は別	環境保全観	・すべての人間の生存権を守る環境保全
・環境問題の指摘、告発者 ・環境の危機を発見することに価値を置いている	環境科学者観	・科学者である前に、一人の人間 ・環境問題を自然からの警告、呼びかけと受けとめる ・環境運動の応援団
・不要物の総称	廃棄物観	・廃棄物はすべて資源

第五章　アクションプログラム

——地球を守るために、家族を守るために、私たちに何ができるか

一人ひとりが「まず私が変わります」宣言をしよう

環境問題が人類に問いかけているものは何でしょうか。

すでに述べてきたように、環境問題とは、「因《いん》」（私たち）と「縁《えん》」（私たちを取り巻く条件）で生み出されたものです。

特に、「因」——私たちの心の持ち方が行動を生み出す以上、私たちの受発色を点検し、転換してゆかなければ環境問題の流れは止まりません。私たち一人ひとりが自らの受発色を変革してゆかなければならないと思うのです。

人間は肉体と精神が融合《ゆうごう》した存在です。しかし、私たちは肉体の成長には関心があるのに、精神の成長には鈍感《どんかん》です。その意味では、環境問題とは、人類の精神の成長を見るバロメーターかもしれません。今こそ人間としての成長を願いとして抱きたいと思います。

これまで環境問題に取り組んできて感ずること――それは、残念なことに、企業も行政も、そして市民もみな自分のことばかりを考えて行動してきたということです。つまり、自分中心のエゴイズムこそが地球と人間の絆《きずな》を切ってきた。そしてこの自分中心主義は、私たち一人ひとりの中にあり、誰かだけがエゴイストなのではないことに気づきました。

だからこそ、私たち一人ひとりが変わらなければならないのだということを知りました。ダイオキシン汚染は、わが国ではゴミ焼却《しょうきゃく》によって引き起こされていることが分かりましたが、ゴミは、私たち一人ひとりの問題です。ゴミをできるだけ出さない生活様式――ライフスタイルがますます必要になってきます。ダイオキシン問題を根本から解決するには、家庭から出されるゴミの量をどれだけ減少させることができるか。そして、それを「私」から始める。その一点にかかっているように思います。

そのためには、企業人も行政マンも、本気でライフスタイルの変革に取り組まなければばならないことをダイオキシンの研究を通して教えられました。ダイオキシン問題も地球環境問題もすべて私たち一人ひとりの心の中に潜《ひそ》んでいる自己中心主義・エゴイズムが引き起こしているのです。これが温存《おんぞん》されているかぎり、どんな立派な宣言をしても、どんなに厳しい法律をつくっても、根本的な解決は望めないということを知りました。

私たちは、これまで自分自身には目を向けず、他人《ひと》を変えよう、システムを変えようと躍起《やっき》になってきました。しかし、いくら声を大にしてもほとんど何も変わらなかった、という体験をすでに十分にしてきました。もうこの矛盾《むじゅん》に気づかなければなりません。変えなければならないのは、「私自身」だということです。

まず私が変わって、変わった私が変わることの大切さとともに、その真実と意味を仲間に伝え、変わっていただく。その輪が広がったとき、場が変わり、流れが変わってゆく。それゆえに、まず私一人から「私が変わります」「その私が世界と新しい関係を結びます」と宣言する必要があります。

『新しい力』に続いて、『「私が変わります」宣言』（いずれも三宝出版）という高橋先生の著書が出版されています。そこには、「私」が変わるための二十四項目が明快に

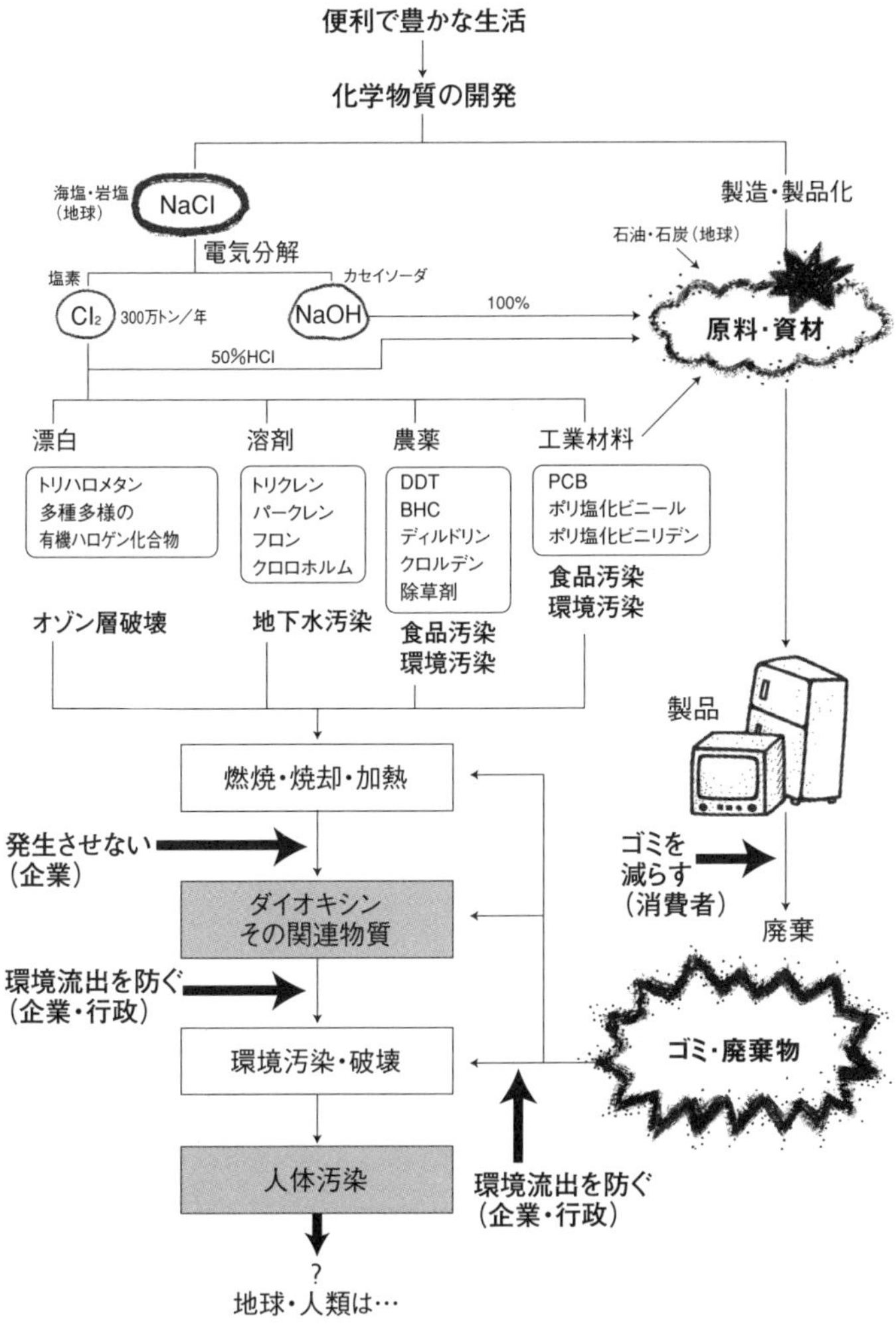

図表5-1　わが国のダイオキシン汚染の社会的構造

書かれています。ぜひ参考にしていただき、「私が変わります」運動を広げてゆきたいものです。

地球と家族を守る ライフスタイルとは？

ライフスタイルとは、「私」の中の価値観によって形づくられる生活様式のことです。「私」の中の価値観が「自分の身の回りだけが平穏《へいおん》であればいい」というものであれば、地球を守る生活様式は生まれてきません。それゆえに、地球を守るライフスタイルとは、「私」の心の中に「地球人としての責任と自覚」がなければなりません。

また、将来幾世代もの人類がこの地球上で生存するという認識が必要になります。私たちはその子孫からこの地球を預かっている、という思いで地球を大切にし、協調してゆかなければなりません。

では、具体的にはどのように生きるのでしょうか。そのためにもここで、地球環境問題の原因を整理しましょう。

【地球環境問題の原因の検証】

①地球温暖化

温暖化の原因物質は、二酸化炭素、フロンガス、メタンガス、窒素酸化物《ちっそさんかぶつ》などが挙げられます。

最も多い二酸化炭素は、化石燃料を燃やすと発生する成分で、熱や電気をつくるときの廃棄物《はいきぶつ》と見ることができます。近年は自動車の排気ガスがその大きな割合を占めていると考えられていますが、発電も増加の傾向にあります。

また、フロンガスもスプレーのガスとして大量に使用され、冷媒《れいばい》としても使用量は多い。メタンガスは生活雑廃《ざっぱい》を自然界に放置《ほうち》すると発生するガスですが、わが国では生活雑廃はその七五%が焼却処理されるので、むしろ、家庭からの排水が大きな要因になっているのかもしれません。

②オゾン層破壊

オゾン層を破壊する主な原因物質は、フロンガスです。これも工場から排出されるものばかりではなく、むしろ、家庭から排出されるフロンガスが問題かもしれません。私たちの何気ない行為が地球環境問題に直接関係していることに注目していただきたいと思います。

③酸性雨

酸性雨の原因物質は、やはり、化石燃料の消費に関連していることが分かります。石炭や、石油の中に含まれるイオウや窒素化合物が燃焼によって酸性物質に変わるのです。この現象は二十世紀初頭から始まり、なかなか改善されません。

最近では、これに加えてゴミ焼却炉から放出される塩酸があり、これは、ポリ塩化ビニールつまり塩ビの廃棄物が燃焼時に発生する酸です。いずれも、私たちの生活廃棄物が原因になっていることに関心を持っていただきたいと思います。

④海洋汚染

海洋汚染を引き起こしている物質としては、陸上から排出される工場廃棄物、家庭から排出されている洗剤や有機物が考えられます。この他に、放射能問題も海洋汚染の大きな問題になってきています。これらも人類の活動で排出される廃棄物です。

⑤有害廃棄物の越境移動

これは国と国との問題でもあり、わが国でも起こり得る問題です。国内問題として有名な事件は香川県の豊島《てしま》の廃棄物投棄《とうき》問題でしょう。近畿圏の企業から排出された廃棄物が香川県の離れ小島に積み上げられて放置され、近海を汚染しているのです。

また、国際的には、先進工業国の企業による有害廃棄物の不法《ふほう》投棄が問題になっています。これも人類の活動に起因《きいん》しています。

＊

以上、深刻な地球環境問題の五つの原因を見てみると、いずれも共通して私たちの活動によって発生する廃棄物が原因であることが分かります。私たちが「不要」と烙印《らくいん》を

図表5-2　地球環境問題5つの原因

押した物質が地球にとって有害なものであるとは思いもよらないことでしたが、間違いなくそれは事実である以上、私たちは改めて廃棄物について考え直さなければならないはずです。

【家族を守るライフスタイルとは？】

①ゴミを出さない努力。そして分別して、どれだけリサイクルに回せるか

地球を守るライフスタイルとは、私たちが毎日排出しているゴミをどれだけリサイクルに回せるか、それ以前に、どれだけゴミを減量することができるか。生活全般を通じて対策を講《こう》じなければなりません。

どうしても減らせないものだけを最終処理として焼却処理する、という徹底《てってい》した廃棄物対策が必要になってきます。

②安全な食品の確保を

では、環境問題として、家族を守るためにはどうしたらよいのでしょうか。それは環

境汚染物質によって汚染されていない安全な食品の確保や安全な生活環境の確保だと思います。

近年、食品は、次第に本物から類似品に変わりつつあると感じます。養殖《ようしょく》ものの魚は、人工管理された環境でつくられたものです。その結果、歯ざわりや味が天然ものと似て非なるものになってしまいます。また、本来あまり時間的に持たない食品でも防腐剤《ぼうふざい》や添加物《てんかぶつ》によって何日でも腐《くさ》らないものがあります。昔は、豆腐《とうふ》などはつくっても一日しか持たなかったものですが、今の豆腐は驚くほど長持ちするといわれます。

食品の本来の命を守るためというよりは、むしろ、経営を拡大する目的のために薬品が使用されている場合が少なくありません。私たちの健康がどれだけ配慮されているかは不明です。現在の市販の食品は、大なり小なりこのような添加物が使用され、大人には何とか耐《た》えられても、子どもや幼児にとっては危険性を含んでいます。米国の添加物規制では、「○○以外は使用してはいけない」という方式ですが、わが国では「○○は使用してはいけない」となっています。

この違いは大きいと思います。米国では十分に吟味《ぎんみ》した添加物以外は使用できませんが、わが国では規制の添加物以外なら何でも使用できることになります。さらにその上に、環境汚染物質が含まれているとしたらどうでしょうか。

つまり、わが国の食品の安全性は消費者にはすぐには分からないのが実態となっているのです。そうなると、私たちはできるだけ加工食品の使用を見合わさなければなりません。昨今の食品業界のモラルの低下は食品の危険性を示唆《しさ》しているような気さえします。便利さや経営を優先させると、この危険性が大きくなると考えるべきでしょう。

家族の健康を第一に考えるなら、手間を惜《お》しまず、手づくりを心がけるべきです。

③安全な生活環境の確保を

また、生活環境も私たちの健康に大きな影響を与えると考えられます。

例えば、「シックビルディング」という問題があります。あるビルの一室に入って十〜十五分もすると、頭が痛くなったり、気分が悪くなったりする症状が出るものです。すぐ外に出ると、その症状はまもなく改善するといいます。原因は、家具の中に閉じ込められているホルマリンという薬品ではないかといわれていますが、それ以外にも様々な薬品が使用されており、まだ十分には解明されていません。

子どもたちの生活態度もこのような薬品で侵《おか》されて異常《いじょう》になっていることが推察されます。授業中数分間じっと座《すわ》っていられない子どもたちが多くなり、小学校の先生がお手上げ状態になっているそうです。その原因は環境ホルモンではないかという説もありますが、本当の所は分かっていません。しかしその結果、私たちの行動が異常になり、社会問題を引き起こし、安心して生活できない環境をつくるとしたら、由々《ゆゆ》しきことです。

私たちは、家族を守るために、日常生活において、このような事態にも目を開く必要があります。

【子孫を守るライフスタイルとは？】

私たちは、子孫からこの地球環境を預かっているということを、ここで確認しておきたいと思います。

そして、この現状は子孫に遺《のこ》すべき環境としては好ましい状態ではないと言わざるを得ません。私たちはどうしてもこの環境問題に最優先に取り組まなければならないと思います。「人間環境宣言」や「リオ宣言」はそのための行動計画でした。私たちは再度この国連の活動に目を向け、地球人としての自覚をもって、地域でできる環境保全に参《さん》画《かく》する努力をしたいものです。

そして、そのことを子どもたちにバトンタッチしていく努力をしなければなりません。それには私たちがまず変わっていなければどうにもならない。では、何を変えるのか。

それは、私たちの「受発色《じゅはっしき》」です。

この「受発色」のテーマについては、再び高橋先生の言葉を借りたいと思います。

「誰もが生まれて以来、無数の受発色を繰り返してつくってきた回路の歪《ひず》み、習慣力は実に強大で、……それは『宿命《しゅくめい》の洞窟《どうくつ》』*2としか言いようのないものであると述べました。その受発色を変革し、洞窟から脱出してゆくには、その習慣力以上のエネルギーをかけなければならないと私たちはまず覚悟すべきでしょう。何もしなくて、いつか何とかなるというものではありません。過去の流れに逆らって、新しい流れをつくってゆくには、宿命の洞窟の中でつくられてしまった偽我《ぎが》*3（＝偽りの自分）の支配を離れるために善我《ぜんが》*3（＝見つめ生きる自分）という新しい自分を育んでゆかなければならないのです。
まず、自分の現状をあるがままに知ることからその歩みは始まります。誰もが宿命の洞窟に陥《おちい》らざるを得ないということは、誰一人例外なく心に未熟や不足、歪みを抱えるということです。その自分の状態、心の歪みをはっきりと意識化すること。自分の受発色の歪みに対して、『本当にこのようになっていた』と衝撃を受けることは、受発色変革の歩みにおいてその半《なか》ばにも値することです。
そして次に、その自分の傾向に応じて、不足している心を育み、歪みを修正してゆきます」（『新しい力』一三四～五頁より）
このように、受発色を変革してゆくことについて、その神髄《しんずい》を示されています。詳細は高橋佳子著『新しい力』（三宝出版）をご一読いただきたいと思います。

エピローグ　二十一世紀を担う若者たちへ

Epilogue
エピローグ

二十一世紀は始まりました。しかし私たちは、未だ二十世紀時代の問題を様々に引きずったまま出口の見えない道に立っています。私たちは、環境問題を検証することによって、その原因が私たち自身にあることを知りました。もうすでに青年諸氏の心には古き因習《いんしゅう》が染《し》み付いているかもしれません。それゆえに、どうしてもその古き因習である古い受発色《じゅはつしき》を脱《ぬ》ぎ捨てて、新しい受発色で生き直す必要があることを問いかけられています。その意味でも環境問題は人類の変革を強烈《きょうれつ》に呼びかけているように思えます。「人類よ、変わりなさい。さもなければ、この地球上で生きることができなくなりますよ」と。

このように見ると、私たち人類が、地球と共生共存《きょうせいきょうぞん》する真の道を求めることが一つの目的となるのではないかと思うのです。

私の人生の師、高橋佳子先生は、提唱されている「TL(トータルライフ)人間学」の中で、人間は唯一「精神世界」(内界・心の世界)と「現象世界」(外界・現実の世界)を結び生きることができる存在であり、精神と現象の融合こそ人類の願いであると述べられていますが、環境問題に深く関わってみて、ようやくその深意が感じられるようになってきました。高橋先生は、人間の心に対する深い洞察をもって、「私が変わります」の実践《じっせん》方法を説き、人生の目的を提示されています。私は、その実践を通して、自らの人生の目的に確信を持っています。

これから次代《じだい》を担《にな》われる青年諸氏にこの新しい生き方を検証していただき、二十一世紀を開いていただけるよう切に願っています。

今こそ、声を大にして伝えたいのです。「私が変わります」宣言こそ、「二十一世紀人間環境宣言」であると。

私は、学生に対してこの呼びかけを行いました。昨年の後学期に一回生(一年生)の教養教育を担当することになりました。これまでは、教養部の先生が担当で、農学部に来るのは二年生後期からでした。ですから私ははじめて一年生を担当したわけです。希望者は百人ほどあり、構成は医学部、工学部、農学部、法文学部、理学部、農学部の一年生でした。私の担当する授業は、「環境の諸相《しょそう》」という題名です。私は、この授業で伝えるべき内容を考え、「わが国の公害から地球環境問題まで」をテーマにしてみようと思いました。「なぜ、環境問題は改善されないか」に焦点を当てて問いかけてみよう、はじめはそのように単純に考えていました。授業への出席の確認を兼ねて、記名入りで感想文を書いてもらいました。

回が進むうち、感想文が次第に熱を帯びてきました。農学部の大学院の学生と話しているような錯覚《さっかく》を起こすほどでした。環境を勉強しようと思ってこの大学に来た学生たちではありません。その学生たちが、慚愧《ざんき》しているのです。「私は何を勉強してきたのでしょう?」、その気持ちがひしひしと伝わってくる感想文が多くなってきました。

この本の軸である「なぜ、地球環境の破壊をくい止められないのか?」の答をここに見る思いでした。ほとんどが十八歳の若い学生たちがどのような気持ちを抱いていたのか、ぜひ皆さんにも聞いていただきたくて、授業の感想文の一端をご紹介します。

●今日の授業で、私も政府が行動を起こさないとだめだと考えていた一人であることに気がつきました。このままではいけないと思いながらも、実際には行動せず、他人に押しつけていたような気がします。私の心の奥には「自分一人が取り組んだところで、別に改善されることはないだろう」という考えがありました。この考え方を変えなければどうにもならないと思いました。

●人間が生きるために地球があるのではなくて、地球があるから人間は生きてゆけるのだと思いました。私たちはいろいろなことが当たり前になりすぎて、気づかないといけないところなのに気づかずにいるのだと思います。「私が変わります」と言うだけなら簡単ですが、実行するのはとても大変なことです。けれど、他の誰かではありません。「私」が始めなければ何も動かないのですから。

●今回最も耳が痛かった言葉は、「私は変わりません」「外だけ変わりなさい」です。

私は、友人、親などとけんかをするとき、いつもこの発想でいることに気づきました。また、テレビや新聞で報じられている様々な問題について、自分の考えを述べるとき、いつも自分のことは棚《たな》にあげて、「……はいかんね」「……すればもっといいのに」、そして、「自分だったら……するのに」などという言葉を発していることに気がつきました。自分をとても恥ずかしく思います。

●「我々は、問題にすぐ飛びついて、意識も釘付《くぎづ》けにされてしまう。問題は結果であり、簡単には変えられない。だが、私と条件の一部は変えられる。見る部分を変えれば、可能性も変わってくる」――そう言われてハッとしました。私も問題ばかりを見るようになっていたからです。問題を生む構造を考えなければ、環境問題は起こり続けます。この時代が持っている壁を突破するために、新しい人間観、人生観を自分で見つけるか創造しなければならないと思いました。「新しい私」に「変わる」ということ。その意味を明確に知ることができてよかったです。

「私が変わります」
——学生たちの声より

○未来の結果を変えてゆくために私が変わらなければなりません。私は絶対変わります。今、私は部屋のエアコンを使わないようにしています。今日、決心したことを生涯続けたいと願います。

○こんな小さい存在である「私」が変えられることがあるとするならば、それは「自分」だけです。誰かが変わればいいという意識で「あなたが変わりなさい」と言っても、「あなた」も「誰」も変えることができるはずがありません。また、地球環境の問題を考えることが、こんなにも人の意識と関わっているなんて考えたことはありませんでした。これまで私は、「人間が環境を傷つけたのだから、人間が治さなければならない」と考えていましたが、今回「私は生物(人間)だから、地球を守らなきゃ」と考えることができるようになりました。

○なぜ環境を改善するように努力するのか?　なぜ医師になろうとするのか?　そういったあまり考えたことのないことを自分に問いかけてゆくことが、自分で自分を変える一歩になるように感じました。今のこの気持ちを忘れずにいたい。

○私が生きているうちに来ることになる日。森林が消える日、石油がなくなる日、オゾン層が消滅する日……。もしかすると、日本の気候が激変して住めなくなる日も来るかもしれません。ただ悲観しても駄目だし、大丈夫だろうと楽観してもいけません。私はこの現実を知らなければならない、向き合わなければならないことを痛感しました。生きている間には良い結果は出ないかもしれません。けれども、その「原因」にはなれるのだと、この講義によって感じることができたように思うのです。身の回りの環境の変化、もっと広い世界の環境の変化を知り、自覚して、常に感じ、意識できる人間になることを私は目指し、これからを生きてゆきたいと思います。

○今の私にできることは、まず私の心の奥にある「どうせ私一人が……」という考えを取り払って、どんな小さなことでもいいから、環境を守ることに努めることだと思います。

○今の生活がすごいスピードで流れてゆく中で、おろそかになっていたものがたくさんあります。というか、気づかないふりをして、考えないようにしていたものがたくさんあります。それをもう一度見つめ直そうと思います。まず自分の身の回りから。そして、これは当然のことですが、ゴミはゴミ箱へ捨てるべきです。だから拾って捨てようと思います。

○何とかしなければと思いながらも、誰かがどうにかしてくれるかもしれないという気持ちを持ってきました。そして言葉だけは知っていても、その実情を知らない無知を知りました。これからもずっとこの地球とつきあってゆけるように、今できる自然環境に優しいことをしてゆこうと思います。今の私にできることは、節約ではないかと思います。節電、ゴミはできるだけ出さないなどです。

この講義体験を通して、大切なことを誠実に一生懸命伝えれば、必ず理解していただけるということを改めて感じました。「私一人が騒いでもどうにもならない」という消極的な思いでこれまで環境問題を見てきた自分を恥ずかしく思います。そうではありませんでした。まず、「私が変わる」ところから始めなければならないことを痛感しました。

どうしても、青年たちに将来を委《ゆだ》ねなければなりません。信じる以外にありません。そのために、今私たちは何をしなければならないのかと問い続けながら――。

私は希望を頂きました。この百人の学生たちがこれから何かを始めてくれる。そのような予感を今回持つことができました。感謝の気持ちを持って本稿の括《くく》りとしたいと思います。

関連資料

人間環境宣言

Declaration of the United Nations Conference of the Human Environment

一九七二年六月十六日 国連人間環境会議（ストックホルム）採択《さいたく》

国連人間環境会議は一九七二年六月五日から十六日までストックホルムで開催され、人間環境の保全と向上に関し、世界の人々を励まし、導くため共通の見解と原則が必要であると考え、以下のとおり宣言する。

一、人は環境の創造物であると同時に、環境の形成者である。環境は人間の生存を支えるとともに、知的、道徳的、社会的、精神的な成長の機会を与えている。地球上での人類の苦難にみちた長い進化の過程で、人は、科学技術の加速度的な進歩により、自らの環境を無数の方法と前例のない規模で変革する力を得る段階に達した。自然のままの環境と人によって作られた環境は、ともに人間の福祉、基本的人権ひいては、生存権そのものの享受《きょうじゅ》のため基本的に重要である。

二、人間環境を保護し、改善させることは、世界中の人々の福祉と経済発展に影響を及ぼす主要な課題である。これは、全世界の人々が緊急《きんきゅう》に望むところであり、すべての政府の義務である。

三、人は、たえず経験を生かし、発見、発明、創造および進歩を続けなければならない。今日四囲の環境を変革する人間の力は、賢明に用いるならば、すべての人々に開発の恩恵《おんけい》と生活の質を向上させる機会をもたらすことができる。誤って、また不注意に用いるならば、同じ力は、人間と人間環境に対しはかり知れない害をもたらすことにもなる。われわれは地球上の多くの地域において、人工の害が増大しつつあることを知っている。その害とは、水、大気、大地、および生物の危険なレベルに達した汚染《おせん》、生物圏《けん》の生態学的均衡《きんこう》に対する大きな、かつ望ましくないかく乱、かけがえのない資源の破壊と枯渇《こかつ》および人工の環境、とくに生活環境、労働環境における人間の肉体的、精神的、社会的健康に害を与える甚《はなは》だしい欠陥《けっかん》である。

四、開発途上国では、環境問題の大部分が低開発から生じている。何百万の人々が十分な食物、衣服、住居、教育、健康、衛生を欠く状態で、人間としての生活を維持する最低水準をはるかに下回る生活を続けている。このため開発途上国は、開発の優先順位と環境の保全、改善の必要性を念頭において、その努力を開発に向けなければならない。同じ目的のため先進工業国は、自らと開発途上国との間の格差をちぢめるよう努めなければならない。先進工業国では、環境問題は一般に工業化および技術開発に関連している。

五、人口の自然増加は、たえず環境の保全に対し問題を提起しており、この問題を解決するため、適切な政策と措置《そち》が十分に講じられなければならない。万物《ばんぶつ》の中で、人間は最も貴重なものである。社会の進歩を推《お》し進め、社会の富を創《つく》り出し、科学技術を発展させ、労働の努力を通じて人間環境をつねに変えてゆくのは人間そのものである。社会の発展、生産および科学技術の進歩とともに、環境を改善する人間の能力は日に日に向上する。

六、われわれは歴史の転回点に到達した。いまやわれわれは世界中で、環境への影響に一層の思慮《しりょ》深い注意を払いながら、行動をしなければならない。無知、無関心であるならば、われわれは、われわれの生命と福祉が依存する地球上の環境に対し、重大かつ取り返しのつかない害を与えることになる。逆に十分な知識と賢明な行動をもってするならば、われわれは、われわれ自身と子孫のため、人類の必要と希望にそった環境で、より良い生活を達成することができる。環境の質の向上と良い生活の創造のための展望は広く開けている。いま必要なものは、熱烈《ねつれつ》ではあるが冷静な精神と、強烈ではあるが秩序《ちつじょ》だった作業である。自然の世界で自由を確保するためには、自然と協調して、より良い環境をつくるため知識を活用しなければならない。現在および将来の世代のために人間環境を擁護《ようご》し向上させることは、人類にとって至上の目標、すなわち平和と、世界的な経済社会発展の基本的かつ確立した目標と相並び、かつ調和を保って追求されるべき目標となった。

七、この環境上の目標を達成するためには、市民および社会、企業および団体が、すべてのレベルで責任を引き受け、共通な努力を公平に分担することが必要である。あらゆる身分の個人も、すべての分野の組織体も、それぞれの行動の質と量によって、将来の世界の環境を形成することになろう。地方自治体および国の政府は、その管轄《かんかつ》の範囲内で大規模な環境政策とその実施に関し最大の責任を負う。この分野で開発途上国が責任を遂行《すいこう》するのを助けるため、財源調達の国際強力も必要とされる。環境問題は一層複雑化するであろうが、その広がりにおいて地域的または全地球的なものであり、また共通の国際的領域《りょういき》に影響を及ぼすものであるので、共通の利益のため国家間の広範囲な協力と国際機関による行動が必要となるであろう。国連人間環境会議は、各国政府と国民に対し、人類とその子孫のため、人間環境の保全と改善を目ざして、共通の努力をすることを要請する。

原則

共通の信念を次のとおり表明する。

〔環境に関する権利と義務〕

一、人は、尊厳と福祉を保つに足る環境で、自由、平等および十分な生活水準を享受する基本的権利を有するとともに、現在および将来の世代のため環境を保護し改善する厳粛《げんしゅく》な責任を負う。これに関し、アパルトヘイト（人種隔離政策）、人種差別、差別的取扱い、植民地主義その他の圧制および外国支配を促進《そくしん》し、または、恒久《こうきゅう》化する政策は非難され、排除されなければならない。

〔天然資源の保護〕

二、大気、水、大地、動植物およびとくに自然の生態系の代表的なものを含む地球上の天然資源は、現在および将来の世代のために、注意深い計画と管理により適切に保護されなければならない。

［更新可能な資源］

三、更新できる重要な資源を生み出す地球の能力は維持され、可能な限り、回復または向上されなければならない。

［野生生物の保護］

四、祖先から受けついできた野生生物とその生息地《せいそくち》は、今日種々の有害な要因により重大な危機にさらされており、人はこれを保護し、賢明に管理する特別な責任を負う。野生生物を含む自然の保護は、経済開発の計画立案において重視しなければならない。

［更新不能の資源］

五、地球上の更新できない資源は将来の枯渇《こかつ》の危険に備え、かつ、その使用から生ずる成果がすべての人間に分かち与えられるような方法で、利用されなければならない。

［有害物質の排出規制］

六、生態系に重大または回復できない損害を与えないため、有害物質その他の物質の排出および熱の放出を、それらを無害にする環境の能力を超えるような量や濃度で行うことは、停止されなければならない。環境汚染に反対するすべての国の人々の正当な闘争は支持されなければならない。

［海洋汚染の防止］

七、各国は、人間の健康に危険をもたらし、生物資源と海洋生物に害を与え、海洋の快適な環境を損ない、海洋の正当な利用を妨《さまた》げるような物質による海洋の汚染を防止するため、あらゆる可能な措置《そち》をとらなければならない。

［経済社会開発］
八、経済および社会の開発は、人にとって好ましい生活環境と労働環境の確保に不可欠なものであり、かつ、生活の質の向上に必要な条件を地球上につくりだすために必須《ひっす》のものである。
［開発の促進と援助］
九、低開発から起こる環境上の欠陥と自然災害は重大な問題になっているが、これは開発途上国の自らの努力を補うための相当量の資金援助および技術援助の提供と、必要が生じた際の時宜《じぎ》を得た援助で促進された開発により、最もよく救済することができる。
［一次産品の価格安定］
十、開発途上国にとって、一次産品および原材料の価格の安定とそれによる十分な収益は環境の管理に不可欠である。生態学的なプロセスと並んで経済的な要素を考慮にいれなければならないからである。
［環境政策の影響］
十一、すべての国の環境政策は、開発途上国の現在または将来の開発の可能性を向上させねばならず、その可能性に対して悪影響を及ぼすものであってはならず、すべてのひとのより良い生活条件の達成を妨げてはならない。また、環境上の措置によってもたらされる国内および国際的な経済的帰結を調整することの合意に達するため、各国および国際機関は適当な措置をとらなければならない。
［環境保護のための援助］
十二、開発途上国の状態とその特別の必要性を考慮し、開発計画に環境保護を組み入れることから生ずる費用を考慮に入れ、さらに要求があったときは、この目的のための追加的な技術援助および資金援助

が必要であることを考慮し、環境の保護向上のため援助が供与されなければならない。

［総合的な開発計画］

十三、合理的な資源管理を行い、環境を改善するため、各国は、その開発計画の立案にあたり国民の利益のために人間環境を保護し向上する必要性と開発が両立しうるよう、総合性を保ち、調整をとらなければならない。

［合理的計画］

十四、合理的な計画は、開発の必要性と環境の保護向上の必要性との間の矛盾《むじゅん》を調整する必須の手段である。

［居住および都市化の計画］

十五、居住および都市化の計画は、環境に及ぼす悪影響を回避し、すべての人が最大限の社会的、経済的および環境上の利益を得るよう、立案されなければならない。これに関し、植民地主義者および人種差別主義者による支配のため立案された計画は放棄されなければならない。

［人口政策］

十六、政府によって適当と考えられ、基本的人権を害することのない人口政策は、人口増加率もしくは過度の人口集中が環境上もしくは開発上悪影響を及ぼすような地域、または人口の過疎《かそ》が人間環境の向上と開発を妨げるような地域で、実施されなければならない。

［環境所管庁］

十七、国の適当な機関に、環境の質の向上する目的で、当該国の環境資源につき計画し、管理し、または規制する任務が委ねられなければならない。

［科学技術］

十八、科学技術は、経済・社会の発展への寄与の一環として、人類の共通の利益のため環境の危険を見きわめ、回避し、制御《せいぎょ》すること、および環境問題を解決することに利用されなければならない。

［教育］

十九、環境問題についての若い世代と成人に対する教育は―恵まれない人々に十分に配慮して行うものとして―個人、企業および地域社会の環境を保護向上するよう、その考え方を啓発し、責任ある行動をとるための基盤を拡《ひろ》げるのに必須のものである。

マスメディアは、環境悪化に力をかしてはならず、すべての面で、人がその資質を伸ばすことができるよう、環境を保護改善する必要性に関し、教育的な情報を広く提供することが必要である。

［研究開発の促進、交流］

二十、国内および国際的な環境問題に関連した科学的研究開発は、すべての国とくに開発途上国において推進されなければならない。これに関連し、最新の科学的情報および経験の自由な交流は、環境問題の解決を促進《そくしん》するため支持され、援助されなければならない。環境に関連した技術は、開発途上国に経済的負担を負わせることなしに、広く普及《ふきゅう》されることを促進するような条件で提供されなければならない。

［環境に対する国の権利と責任］

二十一、各国は、国連憲章および国際法の原則に従い、自国の資源をその環境政策に基づいて開発する主権を有する。各国はまた、自国の管轄《かんかつ》権内または支配下の活動が他国の環境または国家の管轄権の範囲を越えた地域の環境に損害を与えないよう措置する責任を負う。

〔補償に関する国際法の発展〕

二十二、各国は、自国の管轄権内または支配下の活動が、自国の管轄権の外にある地域に及ぼした汚染その他の環境上の損害の被害者に対する責任および補償に関する国際法を、さらに発展せしめるよう協力しなければならない。

〔基準の設定要因〕

二十三、国際社会において合意されるクライテリアまたは国によって決定されるべき基準に拘泥《こうでい》することなく、すべての場合においてそれぞれの国の価値体系を考慮することが重要である。最も進んだ先進国にとって妥当な基準でも開発途上国にとっては、不適当であり、かつ、不当な社会的費用をもたらすことがあり、このような基準の適用の限度についても考慮することが重要である。

〔国際協力〕

二十四、環境の保護と改善に関する国際問題は、国の大小を問わず、平等の立場で、協調的な精神により扱われなければならない。多国間取り決め、二国間取り決めその他の適当な方法による協力は、すべての国の主権と利益に十分な考慮を払いながら、すべての分野における活動から生ずる環境に対する悪影響を予防し、除去し、減少し、効果的に規制するため不可欠である。

〔国際機関の役割〕

二十五、各国は、環境の保護と改善のため、国際機関が調整され能率的で力強い役割を果たせるよう、協力しなければならない。

［核兵器その他の大量破壊兵器］

二十六、人とその環境は、核兵器その他すべての大量破壊の手段の影響から免《まぬが》れなければならない。各国は、適当な国際的機関において、このような兵器の除去と完全な破棄《はき》について、すみやかに合意に達するよう努めなければならない。

（外務省国際連合局経済課地球環境室編『地球環境問題宣言集』大蔵省印刷局より）

環境と開発に関するリオ宣言

前文

環境と開発に関する国連会議は、一九九二年六月三日から十四日までリオ・デ・ジャネイロで開催され、一九七二年にストックホルムで採択《さいたく》された国連人間環境会議の宣言を再確認するとともにこれを発展させることを求め、各国、社会の重要部門及び国民間の新たな水準の協力を作り出すことによって新しい公平な地球的規模のパートナーシップを構築するという目標をもち、すべての者のための利益を尊重し、かつ地球的規模の環境及び開発のシステムの一体性を保持する国際的合意に向けて作業し、我々の家庭である地球の不可分性、相互依存性を認識し、以下の通り宣言する。

［第一原則］

人類は、持続可能な開発の中心にある。人類は、自然と調和しつつ健康で生産的な生活を送る資格を有する。

［第二原則］

各国は、国連憲章及び国際法の原則に則《のっと》り、自国の環境及び開発政策に従って、自国の資源を開発する主権的権利及びその管轄《かんかつ》又は支配下における活動が他の国、又は自国の管轄権の限界を越えた地域の環境に損害を与えないようにする責任を有する。

〔第三原則〕
開発の権利は、現在及び将来の世代の開発及び環境上の必要性を公平に充《み》たすことができるよう行使されなければならない。
〔第四原則〕
持続可能な開発を達成するため、環境保護は、開発過程の不可欠の部分とならなければならず、それから分離しては考えられないものである。
〔第五原則〕
すべての国及びすべての国民は、生活水準の格差を減少し、世界の大部分の人々の必要性をより良く充たすため、持続可能な開発に必要不可欠なものとして、貧困の撲滅《ぼくめつ》という重要な課題において協力しなければならない。
〔第六原則〕
発展途上国、特に最貧国及び環境の影響を最も受けやすい国の特別な状況及び必要性に対して、特別の優先度が与えられなければならない。環境と開発における国際的行動は、すべての国の利益と必要性にも取り組むべきである。
〔第七原則〕
各国は、地球の生態系の健全性及び完全性を、保全、保護及び修復するグローバル・パートナーシップの精神に則り、協力しなければならない。地球環境の悪化への異なった寄与という観点から、各国は共通のしかし差異のある責任を有する。先進諸国は、彼らの社会が地球環境へかけている圧力及び彼らの支配している技術及び財源の観点から、持続可能な開発の国際的な追求において有している責任を認識する。

［第八原則］

各国は、すべての人々のために持続可能な開発及び質の高い生活を達成するために、持続可能でない生産及び消費の様式を減らし、取り除き、そして適切な人口政策を推進すべきである。

［第九原則］

各国は、科学的、技術的な知見の交換を通じた科学的な理解を改善させ、そして、新しくかつ革新的なものを含む技術の開発、適用、普及及び移転を強化することにより、持続可能な開発のための各国内の対応能力の強化のために協力すべきである。

［第十原則］

環境問題は、それぞれのレベルで、関心のあるすべての市民が参加することにより最も適切に扱われる。国内レベルでは、各個人が、有害物質や地域社会における活動の情報を含め、公共機関が有している環境関連情報を適切に入手し、そして、意思決定過程に参加する機会を有しなくてはならない。各国は、情報を広く行き渡たらせることにより、国民の啓発と参加を促進し、かつ奨励《しょうれい》しなくてはならない。賠償、救済を含む手法及び行政手続きへの効果的なアクセスが与えられなければならない。

［第十一原則］

各国は、効果的な環境法を制定しなくてはならない。環境基準、管理目的及び優先度は、適用される環境と開発の状況を反映するものとすべきである。一部の国が適用した基準は、他の国、特に開発途上国にとっては不適切であり、不当な経済的及び社会的な費用をもたらすかもしれない。

［第十二原則］

各国は、環境の悪化の問題により適切に対処するため、すべての国における経済成長と持続可能な開発をもたらすような協力的で開かれた国際経済システムを促進するため、協力すべきである。環境の目的のための貿易政策上の措置は、恣意《しい》的な、あるいは不当な差別又は国際貿易に対する偽装《ぎそう》された制限であってはならない。輸入国の管轄外の環境問題に対処する一方的な行動は避けるべきである。国境を越える、あるいは地球規模の環境問題に対処する環境対策は、可能な限り、国際的な合意に基づくべきである。

［第十三原則］

各国は、汚染及びその他の環境悪化の被害者への責任及び賠償に関する国内法を策定しなくてはならない。更に、各国は、迅速《じんそく》かつより確固とした方法で、自国の管轄あるいは支配下における活動により、管轄外の地域に及ぼされた環境悪化の影響に対する責任及び賠償に関する国際法を、更に発展させるべく協力しなければならない。

［第十四原則］

各国は、深刻な環境悪化を引き起こす、あるいは人間の健康に有害であるとされているいかなる活動及び物質も、他の国への移動及び移転を控えるべく、あるいは防止すべく効果的に協力すべきである。

［第十五原則］

環境を保護するため、予防的方策は、各国により、その能力に応じて広く適用されなければならない。

深刻な、あるいは不可逆的な被害のおそれがある場合には、完全な科学的確実性の欠如が、環境悪化を防止するための費用対効果の大きな対策を延期する理由として使われてはならない。

［第十六原則］

国の機関は、汚染者が原則として汚染による費用を負担するとの方策を考慮しつつ、また、公益に適切に配慮し、国際的な貿易及び投資を歪めることなく、環境費用の内部化と経済的手段の使用の促進に努めるべきである。

［第十七原則］

環境影響評価は、国の手段として環境に重大な悪影響を及ぼすかもしれず、かつ権限のある国家機関の決定に服す活動に対して実施されなければならない。

［第十八原則］

各国は、突発の有害な影響を他国にもたらすかもしれない自然災害、あるいはその他の緊急事態を、それらの国に直ちに通造しなければならない。被災した国を支援するため国際社会によるあらゆる努力がなされなければならない。

［第十九原則］

各国は、国境を越える環境への重大な影響をもたらしうる活動について、潜在的に影響を被《こうむ》るかもしれない国に対し、事前の時宜《じぎ》にかなった通告と関連情報の提供を行わなければならず、また早期の段階で誠意を持ってこれらの国と協議を行わなければならない。

［第二十原則］

女性は、環境管理と開発において重要な役割を有する。そのため、彼女らの十分な参加は、持続可能な開発の達成のために必須である。

［第二十一原則］

持続可能な開発を達成し、すべての者のためのより良い将来を確保するため、世界の青年の創造力、理想及び勇気が地球的規模のパートナーシップを構築するよう結集されるべきである。

［第二十二原則］

先住民とその社会及びその他の地域社会は、その知識及び伝統に鑑《かんが》み、環境管理と開発において重要な役割を有する。各国は、彼らの同一性、文化及び利益を認め、十分に支持し、持続可能な開発の達成への効果的参加を可能とさせるべきである。

［第二十三原則］

抑圧、制圧及び占領の下にある人口の環境及び天然資源は、保護されなければならない。

［第二十四原則］

戦争は、元来、持続可能な開発を破壊する性格を有する。そのため、各国は、武力紛争時における環境保護に関する国際法を尊重し、必要に応じ、その一層の発展のため協力しなければならない。

［第二十五原則］

平和、開発及び環境保全は、相互依存的であり、切り離すことはできない。

［第二十六原則］

各国は、すべての環境に関する紛争を平和的に、かつ国連憲章に従って適切な手段により解決しなければならない。

〔第二十七原則〕

各国および国民は、この宣言に表明された原則の実施及び持続可能な開発の分野における国際法の一層の発展のため、誠実に、かつパートナーシップの精神で協力しなければならない。

（環境庁・外務省監訳『アジェンダ21実施計画'97』エネルギージャーナル社より）

編集部註

＊1　TL人間学《トータルライフ》　TL人間学とは、現代社会の中で人間が見失ってしまった絆——人と人、人と自然、人と社会、自分と人生、心と身体などを結ぶ目に見えないつながり——を知り、その恢復《かいふく》に努め、応えてゆく道を示す。高橋佳子氏が提唱する永遠の生命観に基づく人間学。

＊2　宿命の洞窟　人間は、この世に生まれるならば、誰もが宿命の洞窟の中からその生を始めなくてはならない。そして、その洞窟の外に広がる真実の世界を知ることもなく、ましてやどうすればその外に出ることができるのか見当さえつかない。宿命の洞窟は、魂の内側に蓄《たくわ》えられた因子《いんし》（魂願《こんがん》とカルマ）と人生の成り立ちの中で流れ込む三つの「ち」（血・地・知）の二重の鎖《くさり》によって、私たちの魂をがんじがらめにしてしまう（詳しくは、『希望の原理』一〇五〜一四三頁、『ディスカバリー』一〇〇〜一〇一頁参照、いずれも三宝出版）。

＊3、4　偽我・善我（真我）　偽我は、私たちの生まれ育ちの中でつくられる四つの傾向を

持つ人格――「自信家」「被害者」「卑下者《ひげしゃ》」「幸福者《こうふくもの》」を抱いている。自信家は、心不在の現実重視。被害者は、他者不信。卑下者は、自己不信。そして幸福者は、現実不在の心重視といった誤った信念を持つ。

私たちの内界、心の中心には、魂が座しており、さらにその中心には、純化された光の領域が広がり、その場所は愛と智慧のエネルギーの次元でもある。この一人ひとりの存在の核となる最も本質的な我を「真我」と呼ぶ。そして、「善我」とは、生まれっ放し育ちっ放しの自分自身である「偽我」から離れた、もう一人の自分、見つめ生きる自分のことである。偽我の動きを止観《しかん》し、吟味《ぎんみ》、浄化《じょうか》してゆき、祈りによって真我と対話するのが善我のはたらきである（詳しくは、『グランドチャレンジ』一六四〜一七〇頁、三宝出版）。

●主な参考図書（著者あいうえお順。和書のみ掲載）

アメリカ合衆国政府特別調査報告／逸見謙三・立花一雄監訳『西暦2000年の地球』（1 人口・資源・食糧編、2 環境編）家の光協会

外務省国際連合局経済課地球環境室編『地球環境問題宣言集』大蔵省印刷局

環境省編『平成13年版環境白書』ぎょうせい

環境庁・外務省監訳『アジェンダ21実施計画('97)』エネルギージャーナル社

清家伸康『松山平野におけるダイオキシン類の環境動態』

高橋佳子『新しい力』三宝出版

高橋佳子『「私が変わります」宣言』三宝出版

●著者プロフィール
脇本忠明（わきもとただあき）
愛媛大学農学部教授

1940年、愛媛県生まれ。63年、愛媛大学農学部農芸化学科卒業。農学博士（東京大学）。専門は環境科学。一貫して人工有機塩素化合物群による地球環境汚染の研究に取り組む。長年のフィールドワークを通じ、また何よりも「一人の人間として」の原点を恢復する歩みの中で、人間と地球環境の新しい関係を提言。いかに広大な地球環境の問題群でも、一人ひとりの「私が変わります」宣言が積み重なり、意識とライフスタイルの変革が連鎖してゆけば解決される道があると訴える。『ダイオキシンの正体と危ない話』（青春出版社）ほか著書多数。

「私が変わります」が地球を守る
——21世紀人間環境宣言

2002年7月31日　初版第１刷発行

著　者　脇本忠明
発行者　高橋一栄
発行所　三宝出版株式会社
〒130-0001　東京都墨田区吾妻橋1-17-4　伊藤ビル
電話　03-3829-1020
http://www.sampoh.co.jp/
印刷所　株式会社アクティブ

ISBN4-87928-040-2

装幀　今井宏明・三宅正志
文中イラスト　柳田寿江
写真提供　フレンズ！（表紙）、オリオンプレス（11頁）、PPS通信社（35頁）、朝日新聞社（63頁）、左記以外は著者